아이라는 새로운 세계에서 나를 두드리는 사유

나는 철학하는 엄마입니다

이진민 지음

whale books

엄마가 되니 일상에서
철학이 피어납니다

엄마가 되었습니다.

임신과 출산, 육아라는 과정을 지나자니 일상의 많은 부분에서 반짝반짝 철학적 모멘트가 보입니다. 그동안 회색 활자로만 만났던 철학자들이, 엄마가 된 제게 온갖 빛깔로 생생하게 말을 걸어오기 시작했습니다. 열 달간 아이를 품으면서 '내 안의 타인'이라는 미묘한 관계를 고민하지 않을 수 없었고, 아이가 태어난 순간에는 아렌트의 아름다운 시작이 떠올랐습니다. 아이들이 커가면서 끊임없이 장자를, 루소를, 맹자를, 니체를 떠올립니다. 세상에 궁금한 게 많은 꼬마 철학자들을 키우면서 엄마도 꼬물꼬물 철학자로 성장합니다. 이 책은 그런 엄마의 성장기이자 일상 속의 철학 에세이입니다.

제가 생각하는 철학은 우리가 어떻게 살고 있는지, 어떻게 살아야 하는지에 대한 인류 대화의 기록입니다. 그것도 엄청 똑똑한 할머니, 할아버지들이 평생 고민하신 거라 그 맛과 내공이 남다르지요. 아이를 낳고 기르는 일을 철학적 주제로 삼아 진지하게 들여다본 철학자는 많지 않지만, 철학자들이 여기저기 한마디씩 언급한 것들은 꽤 많습니다. 직접적으로 아이나 부모 됨에 관해 언급한 것은 아니더라도, 아이들을 낳고 키우면서 더 의미 있게 다가오는 말들도 많았습니다. 저는 여기저기 흩뿌려진 이 이야기들을 모아 아이와 육아라는 주제로 엮어보고 싶었습니다. 경험해 보니 아이를 낳고 키운다는 것은 인간 존재에 관한 물음에 수없이 부딪히는 과정이더군요. 임신과 출산, 육아의 길을 걸으면서 저는 그 길에 철학의 꽃들이 무수하게 피어나는 것을 보고 있습니다.

사실 철학은 그저 우리가 사는 이야기인데, 많은 사람들이 내 삶과는 멀리 떨어진 세계로 바라보는 게 늘 안타까웠습니다. 철학 공부를 하면서 들었던 가장 큰 자괴감은, 이것이 '그들만의 리그'

처럼 인식되는 건 아닌가 하는 것이었습니다. 이해할 수 있는 소수 사람들만의 영역. 그런데 이것은 그 소수의 사람들이 그렇게 만든 탓은 아닐까 싶더군요. 때로는 저 자신조차, 제 논문을 궁금해하는 친구들에게 제가 쓴 논문을 설명하기 어려웠던 경험이 있습니다. 같은 한국말인데도 사용하는 언어가 너무 달랐기 때문입니다. 내가 공부한 것으로 세상 사람들과 널리 소통할 수 없다면 그렇게 공부한 시간들의 의미는 과연 무엇일까, 그런 자조적인 의문이 늘 제안에 있었습니다. 그래서 철학을 일상의 말랑말랑한 언어로 바꾸는 작업에 관심이 많았습니다. 《나는 철학하는 엄마입니다》는 그래서 나온 책이기도 합니다. 엄마의 눈으로 본 소소한 철학 이야기들을 모아서 편안하게 엮어보면 좋을 것 같았습니다. 이렇게 평범한 일상의 이야기 안에 철학을 끌어온다면 철학하는 사람인 저로서도, 읽는 분들로서도 즐거운 작업이 되지 않을까 해서요.

육아에 관한 서적은 늘 바닷물만큼이나 찰랑찰랑 넘쳐납니다. 저는 그동안 많은 육아법, 이를테면 유대인식, 프랑스식 육아법이 유행하는 것을 보았습니다. 그러나 육아의 방법, 육아의 기술은 획일적일 수 없습니다. 부모와 아이 각각의 기질이나 성격, 삶의 방식에 따라 다르게 마련이고, 같은 아이라도 상황에 따라, 혹은 연령에 따라 달라지게 마련이니까요.

그러므로 부모가 가져야 할 것은 철학입니다.

육아를 수행함에 있어 단단한 알맹이처럼 가지고 있는 철학이 있다면, 방법은 얼마든지 유연할 수 있습니다. 파도처럼 서점을 휩쓸고 지나가는 유대인식, 프랑스식, 핀란드식 육아법에서도 우리가 쥐어야 할 것은 그 방법이나 기술이 아니라, 그 육아법 안에 들어 있는 철학입니다. 아이라는 존재를 어떻게 파악하며, 어떻게 대할 것인가, 부모는 어떤 사람이어야 하며, 어떤 사고와 규칙을 가진 존재여야 하는가. 그에 대한 끊임없는 성찰이 필요한 것입니다. 그래서 똑똑한 엄마, 유능한 엄마보다 세상에는 우선 철학하는 엄마들이 등장해야 한다고 저는 믿습니다.

고백하건대 저는 아직 단단한 알맹이 같은 육아 철학을 가진 존재가 아닙니다. 그런 철학을 갖고 싶어서 이리저리 비틀거리는 존재일 뿐. 그래서 순간순간마다 멘토로 진짜 철학자들을 소환해 보는 사람인 것이죠.

하지만 철학하는 엄마로 살려고 노력하고 있기에 제 안에 점점 작고 단단한 모래알들이 생겨나고 있다고 믿습니다. 제 삶에 꾸준히 철학을 가져오기에 흔들림의 진폭이 그나마 작아지고, 비틀거림이 줄어든다고요. 이 책이 여러분께도 그런 경험을 드릴 수 있으면 좋겠습니다.

철학은 정답을 찾으려는 학문이 아닙니다.
그래서 제가 가장 경계하는 것은 이 책이 어떤 정답처럼 읽히는 일입니다. 보시면 금방 아시겠지만 이 책은 해법을 제시하는 책이 아닙니다. 대신 방에서, 거실에서, 놀이터에서, 마트에서, 끊임없이 질문을 던지는 책입니다.

철학자는 질문을 던지는 사람들입니다.
부모의 가장 아름다운 역할은 철학자처럼 끊임없이 질문을 던져주는 것이 아닐까요. 질문을 만나면, 아이들은 스스로 철학자가 되어 생각을 해보고 또 나름의 싱싱한 질문을 다시 만들어냅니다. 산파술이란 그렇게 단지 아이를 낳은 육체적 출산의 시점에만 행해지는 게 아니라, 이후의 시간에도 일상에서 부지런히 행해져야 합니다. 아이는 좋은 생각과 질문을 낳아 엄마에게 던지고, 엄마는 또 그걸 받아 고민합니다. 그러면서 우리는 함께 큽니다.

사실 엄마로서의 우리는 대체로 어린아이들입니다. 저는 엄마가 된 지 이제 겨우 여섯 살이 되었습니다. 그렇기 때문에 더더욱 철학하는 엄마로 살아야 합니다. 열심히 질문을 던지고 답을 찾아 봐야 조금이라도 클 수 있기 때문에, 계속 생각하려고 합니다. 부모는 아이들을 키우는 사람들이지만 아이들을 키우려면 부모도 부지런히 커야 합니다. 자전거를 배우는 아이처럼, 자꾸 넘어지고 피나고 눈물이 맺히면서도 포기하지 않는 것이 부모 됨을 배우는 일이 아닐까요. 그래서 저는 여기에 부딪히고 저기에서 기절하면서 투닥투닥 살아내고 있는 중입니다.

물속에 잠겨 있던 글들이 책으로 세상에 나올 수 있도록 물길을 터주신 웨일북, 제멋대로 날뛰던 제 글에 점잖음이라는 것을 부여해 주시고 귀한 조언을 아끼지 않으신 박주연 에디터님, 그리고 책의 얼굴을 예쁘게 만들어주신 이희영 디자이너님께 진심 어린 감사의 인사를 전하고 싶습니다. 가족으로 인해 가장 많이 좌절하고, 또 가족으로 인해 가장 큰 힘을 얻습니다. 고맙고 사랑하는 엄마, 꿈에서라도 자주 보고 싶은 아빠, 늘 그리운 형제들과 조카들, 항상 따뜻하게 품어주시는 시가 식구들. 옆에서 빙글빙글 및 어영부영을 담당하는 남편과 글의 주인공 사랑스러운 아이들. 마지막으로는 글을 쓰는 내내 전폭적 지지와 우쭈쭈를 보내준 고마운 지인들과 보잘것없는 제 글을 읽어주실 독자님들께 깊은 감사의 마음을 전합니다.

책 한 권이 나온다고 해서 인생이 크게 바뀌지 않는다는 것은 익히 알고 있습니다. 그래도 한층 다른 차원의 책임감으로 세상과 소통하게 된다는 기대가, 걱정과 손잡고 몽글몽글 피어납니다. 제 인생은 크게 변할 일이 없어도, 이 책으로 인해 세상이 조금이라도 변할 일이 생긴다면 가문의 영광일 겁니다. 세상이 새 발의 피(…의 헤모글로빈…)만큼이라도 더 다정해지고, 철학이 여러분들께 조금이라도 더 말랑말랑하게 느껴질 수 있다면요.

철학의 옷을 살짝 입히긴 했지만, 이 글은 결국 우리가 주고받는 사랑에 관한 글입니다.

두 분 다 직접 읽으실 수는 없겠지만, 무한한 사랑을 주셨던 부모님께 간절한 사랑의 마음으로 이 책을 드리고 싶습니다.

2020년 5월 8일 어버이날에
이진민

차례

내가 키우는 존재들,
나를 키우는 존재들

임신,
내 안에 아기를
품는다는 것

: 레비나스와 함께 플라톤의 동굴을 탐험하다

나지만 나는 아닌 존재

°

에마뉘엘 레비나스라는 프랑스 철학자가 아주 재미난 말을 했다. 내가 나 자신에게 스스로 타인이 되는 방법이 있다면 그건 바로 부모가 되는 것이라는. 내가 남이 된다고? 아니 어떻게? 레비나스에 따르면 아이를 가지면 되는데, 아이는 바로 "타자가 된 나"이기 때문이다. 그는 부모가 된다는 것을 나와 타자의 오묘한 관계에 대한 경험, 초월적인 경험이라 말한다. 이게 대체 뭔 말인가 싶지만, 간단히 말하자면 '나를 넘어서는 나를 만나는 경험'이라는 것이다. 아이는 "나지만 나는 아닌 존재me, but not myself"이기 때문이다.

> 나로부터 태어난 또 다른 나.
> 나도 아니고 그렇다고 타자도 아닌 존재.
> 내 아이.

맞는 말이다. 첫아이를 가진 것을 알았을 때의 그 기분을 기억한다. 내 안에 다른 생명이 있다는 것을 알게 된 순간부터 내게는 말로 표현하기 어려운, 어떤 설레는 긴장감이 생겼다. 분명 내 몸인데 내 안에 저렇게 콩콩 뛰는 심장을 가진 다른 생명이 있다니. 내 안에 있는 애는 나인가, 남인가.

처음 초음파로 만난 아이는 젤리빈 같아 보였고, 두 번째 초음파로 본 아이는 그새 손발이 나올 부분을 열심히 뾰족뾰족 내밀어 놓은 것이 꼭 젤리곰 같았다. 남편은 첫눈에 그 젤리곰과 사랑에 빠져, 저렇게 예쁜 것을 보면 꼭 딸일 거라고 했다. (그리고 나는 아들만 둘을 내리 낳았다. 그리고 영업을 종료했다.) 그렇게 단숨에 사랑에 빠질 정도는 아니었지만, 내 안에서 자라고 있는 작은 생명체를 대함에 있어 오묘하고 뭉클한 긴장감을 느낄 때마다 나는 레비나스를 떠올렸다. 나와, 내 안에서 자라고 있는 아이. 칼로 무 자르듯 '나'와 '타자'로만 규정지을 수 없는 신기하고 신비로운 관계.

태교라는 것 역시 그랬다. 내 몸에 세 들어 살고 있는 타자를 위해 나의 감정과 행동을 조절해야 한다는 것. 세상 모든 오글거리는 것과는 천성적으로 맞지 않아 딱히 별난 태교를 하진 않았지만, 엄마의 감정이 아이에게 전해진다는 것만큼은 믿었다. 실은 둘째를 가진 순간부터 아이가 태어날 때까지 개인적으로 힘든 시기를 거쳤다. 안 좋은 일이 겹쳐, 내가 굳건히 딛고 있던 양쪽 발밑의 땅이 하나씩 꺼져버린 느낌이었다. 매일 밤 불이 꺼지면 눈물을 흘리다 잠이 들고, 그 잠에서 깨어나 현실로 돌아오는 순간부터 다시 땅이 꺼지는 듯한 절망감을 느끼던 시절. 현실의 내가 너무 슬프고 절망적인데, 내 안의 아이를 위해 그 감정을 조절해야 하는 것은 정말 어려운 일이었다. 아이를 완전한 나로 여겨서도, 완전한 남으로 여겨서도 안 되었다.

하지만 어디에도 표출할 수 없었던 내 슬픔을 녹여주고 허탈감을 채워준 것 역시 레비나스가 말한 이 '나지만 나는 아닌 존재들'이었다. 당시 아직 두 살도 되지 않았던 첫아이는 엄마가 우는 게 낯설어서 떨어지는 눈물을 작은 손가락으로 만져보며 이상한 미소를 지었고, 배 속의 작은아이는 슬픔이 빗방울처럼 뚝뚝 새어 들어오는 그 전셋집 안에서도 무탈하게 꼬물거리며 무럭무럭 자라났다. 잠시 누워 있을 때 한 놈이 옆에서 꼬무락거리고 또 한 놈은 배 속에서 꼬무락거리면, 바닥에 닿은 등에서부터 천천히 힘이 솟아나는 느낌이었다. 내가 그냥 독립적인 나로서만 존재했다면, 엄마가 아니라 그저 한 개인으로만 사고했다면, 아니 애초에 이 아이들이 없었다면, 현재 내 삶의 모습은 지금과 많이 달랐을 것이다. 내 안의 타인, 나도 아니고 타인도 아닌 존재들이 지금의 나를 만들었다.

15년 전, 달고 맵고 짠 안주를 앞에 놓고 자유롭게 술잔을 부딪힐 수 있었던 시절에 나는 같이 공부하는 친구들과 종일 철학 이야기를 하며 웃고 떠들었다. 생일 케이크를 자를 때도 롤즈의 분배의 정의를 구현하자며 칼을 잡았고, 심지어 철학자 이름으로 스물다섯 칸짜리 빙고를 하며 놀았다. 그 시절의 나는 쑥쑥 자랐던 것 같다.

하지만 5년 전, 첫아이를 가지고서 술은커녕 맵고 짠 음식도 맘껏 먹을 수 없던 시절, 나는 홀로 앉아 날로 커져가는 배 안의 유일한 청중과 함께 또 그렇게 자랐다. 그저 엄마가 되는 것만으로 새로운 생각이 피어났고, 그간 미처 내 주머니에 담을 생각을 못했던 주제에 호기심이 생겼다. 기존의 철학적 개념들이 반짝- 하고 빛을 얻어 새롭게 보이기도 했다. 침묵 속에서 내 안의 타인과 교류하는 일은 생각보다 즐거웠다. 그리고 배 속의 청중으로 인해 더 많은 타인들에게 관심을 갖게 되는 일 역시 새로웠다. 그 열 달 동안 나는 또 쑥쑥 자랐다.

그렇게 우리는 같이 자랐다.

나는 아이를 키웠고, 아이는 나를 키웠다.

하지만 열 달간 직접 아이를 품고 있는 여성에게 임신은 그렇게 조용한 성장의 계기나 형이상학적 초월의 경험으로 다가오지만은 않는다. 나에게 임신은 초월성의 경험임과 동시에 몹시도 동물적이고 형이하학적인 경험이었다. 사변적으로 논증하고 현대 문명이 이룩한 첨단 기술을 사용하던 호모 사피엔스에게 입덧이 찾아오는 순간, 수백만 년에 걸쳐 이뤄낸 인류의 자랑스러운 직립보행 능력에 심각한 오류가 생기는 것이었다. 나는 자주 네발짐승이 되거나 와생동물이 되곤 했다. 나도 아니고 타자도 아닌 이 조그만 젤리곰은 내가 그간 도저히 할 수 없었던 새로운 철학적 사유들을 가능하게 했지만, 동시에 나를 생각조차 불가능한 무력한 짐승으로 만드는 능력도 탁월했다. 열 달간의 임신은 그렇게 내게는 형이상학과 형이하학의 기묘한 동거였다.

플라톤의 동굴에서 부른 배로 기어 나오기

○

임신은 숭고하고 아름답기만 한 줄 알았다. 이렇게 민망하고 굴욕적인 순간이 많은 일이라는 것을 세상은 그동안 가르쳐주지 않았다. 미디어에 노출되는, 가느다란 팔다리를 하고 동그랗게 나온 배 위에 우아하게 손을 얹고 있는 아름다운 그녀들 뒤로 실제로는 어떤 일이 벌어지고 있는지 나는 몰랐다. 서른이 훌쩍 넘는 시간 동안, 나는 그렇게 내게 보여주는 것만 보며 플라톤의 동굴 속에 들어앉아 있던 작은 여자아이였다. 이미 출산을 경험한 현자들은 이미 강렬한 육아의 급류에 휩쓸려 그 안에서 헤엄치느라 동굴로 되돌아와 진리를 설파하지 못했나 보다.

플라톤은 동굴의 우화를 통해 그동안 우리가 참이라고 믿으며 살아온 모든 것에 물음표를 던져볼 것을 권한다. 플라톤이 이야기하는 동굴은 이런 모습이다. 태어나서부터 줄곧 사슬에 묶여 벽 쪽만 바라보게 되어 있는 사람들이 지하 동굴에 갇혀 있다. 팔다리가 모두 묶여 있고, 목도 결박당해 머리를 뒤로 돌릴 수도 없다. 그 뒤에서 누군가가 그림자극을 하는 것처럼 벽에 이미지를 만들어내고 소리도 내는데, 사람들은 동굴 벽에 비친 그 그림자가 진짜인 줄 알고 평생을 살아간다. 간혹 사슬을 끊고 출구를 발견해 동굴을 나가는 사람들이 있다. 눈이 멀 것 같은 태양 빛에 괴로워하며 진실을 알게 되는 이 사람들이 바로 철학자들이다. 그들이 돌아와 진실을 말해도, 평생 그림자만 보아온 동굴 속 죄수들은 믿지 않는다. 그들은 그림자라는 허상을 실재보다 더 실재적인 것으로 믿기 때문에, 오히려 진리를 알리려는 사람들을 죽이려고 한다. 플라톤의 동굴의 우화는 우리의 현실 세계가 이 동굴과 다름없으며, TV

나 미디어에 보이는 것들을 그대로 믿으며 살아가는 우리는 동굴 속 죄수와 다를 바 없다고 말하는 셈이다.

미디어에 등장하는 임신부들은 아직도 대체로 곱다. 어린 시절 드라마에서 본 그녀들은 밥상머리에서 욱욱거리다 어느새 귤을 먹고 있었고, 그러고는 곧 귀여운 아기를 품에 안고 나타났다. 그래서 뭐, 딱 그 정도인 줄 알았다. 여성들이 임신을 하면 어떤 변화가 일어나는지, 어떤 위험이 생기며 어떤 민망함이 생겨나는지, 쉬쉬하지 않고 있는 그대로 얘기하게 된 것은 지극히 최근의 일이며, 진실을 접한 어린 여성들이 경악하게 된 것도 최근의 일이다. 그전까지는 말하기 부끄러운 것, 누구나 겪는 것, 유난 떨지 말아야 할 것, 위대한 모성을 위해 인내해야 할 것으로 우리 사회에서 가리고 누르며 아름답게 포장해 왔다.

배를 드러내고 웨딩 사진 버금가는 만삭 사진을 찍는 것이 유행하게 된 것도 최근의 일이다. 아기가 든 둥근 배의 선은 정말 아름답다고 생각한다. 2017년 그래미 어워즈에서 쌍둥이를 가진 만삭의 몸으로 공연을 선보인 비욘세는 많은 이들의 말문을 막히게 했다. 문제는 임신부들이 배 말고는 가느다란 팔다리를 그대로 유지해야 한다고 생각하는 것, 또는 임신부는 그렇게 만삭 사진 안의 드레스 입은 모습처럼 열 달 동안 단아하고 아름다울 거라는 망상이다. 인터넷의 파도를 타다 만난 한 연예인의 만삭 화보는 평소 화보보다 더 아름다워서 넋을 잃고 바라볼 지경이었으나, 임신 유

23

경험자로서 볼 때 진실은 대체로 영화 〈툴리〉에 나온 샬리즈 세런의 모습에 가까웠다. 그러나 미디어는 여기에서조차도 샬리즈 세런이 영화를 위해 어떻게 22킬로그램을 찌우고 뺐는지, 그리고 어떻게 다시 완벽한 몸매로 돌아왔는지에 대한 찬사를 보내는 데 더 많은 지면을 할애하고 있었다.

아기를 가지면 막연히 '엄마'가 된다고만 생각했었다. 하지만 직접 아기를 품으면서 나는 처음으로 엄마가 아닌 '어미'라는 단어를 떠올렸다. 엄마와 어미의 그 미묘한 온도 차이는 아이들을 키우면서 지금도 끊임없이 밀물과 썰물처럼 내 삶을 적시고 있지만, 내가 처음 그 단어를 떠올렸던 것은 임신이 주는 동물적 무게 때문이었다. 술이나 카페인 음료 같은 기호 식품을 마음대로 못 먹거나 감기약, 염색약을 멀리해야 하는 것, 즉 그간 자유롭게 사용하던 내 몸을 내 마음대로 사용하지 못하는 것, 그 무수한 제약들은 차라리 이성과 자유의지의 영역이라고 할 수 있다. 문제는 이성이나 의지와는 별개로 변해가는 내 몸이었다.

내가 처음 느꼈던 당혹감은 겨드랑이에서 시작되었다. 예쁜 아기 천사가 생겼다면 엄마 몸에 하얗고 보송보송한 날개가 돋아야 할 것 같지만, 내 겨드랑이에는 가슴이 한 쌍 더 생기는 건 아닌가 싶은 뻣뻣한 부종과 더불어 당황스러운 착색이 진행되었다. 거울 앞에서 민소매를 입고 만세를 불러보면 양쪽 겨드랑이에 타원

형의 탄 빵을 장착한 것처럼 보였다. 개처럼 후각이 민감해지고 배 위로는 휴전선이 생겼다. 임신선이란 것인데, 불러오는 배 위에 세로로 거무스름하게 생기는 선을 말한다. 쓸데없는 사소한 부분에 완벽주의 기질이 있는 나로서는 이 임신선이 배꼽 부근에서 살짝 휘어 서로 만나지 않는 것도 내심 못마땅했다. 가능하면 배에 자를 대고 반듯하게 선을 그어 만나게 해주고 싶었다.

평소에는 환장할 것 같았던 황홀한 밥 냄새가 왠지 달갑지 않았다. 식스 센스에 이어 세븐 센스가 생겨났다. 뜬금없는 전자파 감지 능력을 갖게 되어 컴퓨터를 켤 때마다 울렁증이 심했고, 내가 지금 물을 마시는 이 유리컵에 이전에는 어떤 액체가 담겼었는지 알 수 있는 초능력이 생겼다. 전날 생선을 먹으면서 물을 마셨던 컵은 아무리 박박 닦았어도 다음 날까지 그 안에 진한 참 바다 향이 넘실거려 죽을 맛이었다. 구토를 한다거나 하는 유별난 입덧은 없었지만 항상 가슴께가 꽉 막힌 느낌이었고 내내 강한 숙취에 시달리는 느낌이었다. 그렇게 나는 종일 가슴을 주먹으로 콩콩 쳐가며 몇 달간 숙취에 시달렸다. 덕분에 평소에 아끼고 사랑하던 나의 술들은 꼴도 보기 싫었다.

배가 나와서 발톱 깎는 것이 점점 힘들어지는데 손톱, 발톱은 모든 영양이 그리로 가기라도 하듯 쑥쑥 자랐다. 쓰러져서 침을 흘리며 자고 화장실을 수시로 들락거렸다. 아이가 내 방광을 조물조물 주무르고 노는 건지, 화장실이 그렇게 한 시간에도 몇 번씩 애

타게 날 불러댔다. 땅에 떨어진 물건을 주울 때는 다소곳함이라고
는 눈 씻고 찾아볼 수 없는 자세가 되었다. 나온 배 때문에 양다리
는 쩍 벌어졌고, 물건을 가까스로 손에 쥐고 일어날 때는 입에서
내가 통제할 수 없는 신음 소리가 발사되었다. 입덧이 사라지자 젓
가락도 씹어 먹을 것 같은 식욕이 샘솟았다. 실제로 밥을 먹다가
나무젓가락이 입 안에서 부러진 적이 있었다. 그렇게 임신부에게
는 관용어를 현실로 만드는 부끄러운 초능력이 있었다.

더 이상 이렇게 살 수는 없었다. 자다가 침 흘리는 건 어쩔 수
없다고 치고, 물건을 주울 때는 그래도 최대한 다리를 오므리고,
신음 소리를 내는 대신 심호흡을 하려고 애썼다. 혼자 있을 때 배
가 고파도 너무 게걸스럽게 먹지 않으려고 노력했다. 임신을 계기
로 기본적 욕구를 충실히 보살피고 조금 유연하게 풀어지는 것도
좋지만, 그렇다고 너무 짐승처럼 살기에는 왠지 자존심이 허락지
않았다.

그랬다. 아기를 품었던 열 달은 기쁘고 오묘하고 뭉클한 순간
들이 섞여 쇠라의 점묘화처럼 환하게 피어나는 기간이기도 했지
만, 한편으론 민망과 굴욕의 지뢰밭에서 최소한 나의 인간성은 놓
지 않겠다며 버티는 긴 싸움의 날들이기도 했다. 발음도 포근한 엄
마보다는 강인한 생명력의 어미가 되어야 할 날들이 앞으로 더 많
을 것이기에, 엄마라는 분홍빛 환상을 조금 내려놓을 필요가 있었
다. 하지만 동물 같은 강인한 생명력을 갖는 것과, 삶의 모습을 동

물처럼 뭉그러뜨리는 것은 전혀 다른 일이라고 생각했다. 그렇게 육신의 급격한 변화를 겪으면서도 인간성을 놓지 않겠다는 단단한 마음가짐만큼은 부른 배 안에 알맹이처럼 지니고 싶었다.

인문, 인간의 무늬를 찍을 수 있다면

。

둘째 때는 2년 더 늙었다고 네 배로 힘들었다. 첫아이는 그래도 삼십 대 후반에 가졌지만, 서른과 마흔의 경계에서 둘째를 가지고 나니 받아야 하는 테스트가 어마어마했다. 일주일에 두 번씩 병원에 가서 희한하게 생긴 기계에 안긴 채 삼십 분씩 누워 있어야 했다. 아이의 심박수와 움직임을 체크하는 기계였다. 나이가 많거나 임신 중독증 같은 고위험군의 산모는 태아가 살고 있는 환경이 아무래도 좋지 않을 수 있기 때문에, 아이의 움직임이 영 좋지 않다 싶으면 의료진의 판단하에 일찍 꺼내기 위한 조치였다. 실제로 내 옆에 누워 체크를 받던 임신부 하나가 급히 수술을 받게 되는 것을 목격하기도 했다. 나는 건강한 편이라 큰 문제는 없었지만, 어쩔 수 없이 노화라는 단어가 주는 무게를 고스란히 져야 했다. 여자가 나이로 평가받는 가장 냉정한 순간이 아마 임신과 출산일 것이다. 아무리 영혼이 젊다든가 나이는 숫자에 불과하다고 믿고 살아도 임신과 출산 앞에서 나는 그저 나이 든 여자일 뿐이었다.

막달이 올수록 먹고 돌아서면 배가 고팠다. 다정한 한 친구는 그러니까 먹을 것 앞에서 함부로 돌아서지 말라는 개떡 같은 조언을 해주었다. 첫째 때는 먹는 것도 조심하고 식사 후에는 운동도 제법 했는데, 둘째 때는 하루 종일 첫째와 씨름하다 보면 저녁 시간에 방전되기 일쑤였다. 저녁을 양껏 먹고 바로 소처럼 눕는 내 옆에서 매일 저녁 간단한 운동으로 몸매를 다지는 남편이 부러웠고, 그 옆에서 고무공처럼 아빠를 따라 통통통 뛰며 까르르 웃는 아이의 에너지가 부러웠다.

하지만 인생사 새옹지마. 늘씬하게 몸을 만들었던 남편은 둘째의 탄생과 더불어 육아 스트레스로 여기저기 귀여운 지방을 붙이기 시작했고, 반면에 나는 수유 때문에 비쩍 마른 어미 개처럼 변해갔다. 지금은 둘 다 동글동글하다. 원래 원이라는 것이 동서고금을 막론하고 가장 완벽한 도형이다.

임신, 출산, 육아.

인간은 동물이라는 것을 어쩔 수 없이 뼈저리게 (실제로 뼈가 저린다. 많이) 느끼게 되는 와중에 그 과정을 인문학적 사고로 칠해보고 그 열 달을, 그리고 그 이후를 인간 존재에 대한 물음의 기회로 만들고 싶었다. 나의 동물적인 변화에 서툴게나마 인문, 즉 인간의 무늬를 찍어보고 싶었던 것이다. 그렇게 깨달음의 순간들을 잊지 않기 위해 틈틈이 정리한 메모들을 다시 하나씩 꺼내 글로 엮어본다.

내 몸에 세 들어 살고 있던 아기들. 지금은 제법 이성도 자유의지도 발전한 꼬마 인간들이 되어가고 있다. 그리고 곁에 있는 엄마의 이성과 자유의지에 상당한 영향을 끼치고 있다. 엄마는 아직도 동물적인 변화(이제는 호랑이로 변한다)에 스스로 당황하며 인간성을 잃지 않으려고 노력 중이다. 엄마에게 끊임없는 철학적 영감을 주는 아이들, 아리스토텔레스 할아버지의 가르침 따라 중용의 미덕을 추구하는 엄마를 늘 시험에 들게 하는 아이들이 참 고맙다.

요즘의 나는 아이들과 함께 쑥쑥 자라고 있다.

엄마가 되었습니다

출산 전야,
죽음과 처음 눈 맞추고
인사를 나누다

: 사르트르를 만나고 돌아와 하이데거와 악수하던 밤

첫아이가 머리를 아래로 향하지 않고 단재 신채호 선생처럼 꼿꼿이 세우고 있었던 까닭에 첫아이를 수술해서 낳았다. 실은 내가 그랬다고 한다. 아무리 체조를 해도 고집스럽게 자세가 바뀌지 않아, 죄송스럽게 엄마 몸에 칼을 대게 해서 나온 딸이 나다.

의학적 근거가 있는지 모르겠지만 학생인 엄마들에게 이런 경우가 많다고 들었다. 책상에 앉아 있는 시간이 많아서 태아가 돌 공간이 넉넉하지 않기 때문이란다. 내 경우, 첫아이가 나오기 한 달 전에 박사 논문 디펜스를 하고 학위를 땄기 때문에 부른 배를 책상에 부딪혀 가며 앉아 글을 쓰는 시간이 많았다. 나와 남편은 유학 중에 만났고 첫아이가 태어난 해에 내가, 작은아이가 태어난 해에는 남편이 학위를 받았다. 그래서 나의 아이들은 모두 미국에서 태어났다. 사실 첫아이의 신분증을 받아 그 안에 눈망울이 똘망한 독수리를 보았을 때 엄청난 위화감이 들었다. 아니 내가 왜 미국인을 낳은 거지.

둘째를 낳을 때는 첫아이를 돌보며 백수로 있었던 탓인지, 아이가 진작부터 올바른 자세로 들어 있었다. 자연분만을 시도할지, 아주 적은 확률이지만 자궁파열의 위험이 있으니 그냥 수술로 갈지 선택을 해야 했다. 프랜시스 베이컨(이름조차 경험적으로 맛있어 보인다)을 따라 온갖 종류의 경험을 조용히 환영하는 경험주의자인 나는, 사실 자연분만으로 아기를 낳아보고 싶었다. 이왕 세상에 태어났는데 여자들만 할 수 있는 출산을 경험해 보고 싶었던 것이다. 곰이랑 비슷하게 생겼으니 곰 같은 힘을 낼 것도 같았다.

하지만 산후조리를 몇 주씩 해줄 사람이 마땅치 않았기에 다시금 수술을 택했다. 바쁜 시간을 쪼개 먼 나라에서 열흘 정도 와주는 언니의 시간을 최대한 고맙게 활용하려면 아기는 정해진 시간에 나와주는 편이 좋았다. 그리고 그렇게 먼 길을 와준 언니의 캐리어를 열어보니 그 안에는 내가 좋아하는 만화책 40권짜리 한 세트가 단출하게 들어 있었다. 산후조리를 하겠다고 챙겨 온 가방이 이리도 아름답다니. 감탄하고 말았다.

Life is C between B and D

°

수술 날짜가 정해졌다. 광복절 다음 날이었다. 아기도 만세를 부르며 나로부터 독립을 할 모양이었다. 하루 전날 병원에 가서 피도 뽑고 다음 날 있을 수술에 필요한 절차를 진행해야 했다. 그런데 의료진과 앉아 서류를 작성하고 이런저런 질문에 답하는 와중에 나에게 유언장이나 지정 변호사가 있는지 묻는 질문이 훅 들어왔다.

아, 내가 이 생명을 탄생시키다가 죽을 수도 있지, 참.

같은 병원에서 두 번째 출산이었다. 하지만 이번에는 그 질문의 무게감이 좀 다르게 느껴졌다. 그렇지. 병원은 늘 삶과 죽음이 만나는 곳이었다.

"Life is C between B and D."

프랑스 실존주의 철학자 장 폴 사르트르가 한 말이라는데, 어느 책인지 정확한 출처는 모르겠다. 이 세상 박사들은 항상 직업병처럼 출처를 의심하고 또 의심한다. (마땅한 직업도 없는데 직업병이라니 망할.) 노벨문학상 수상자로 선정되었으나 수상을 거부한 이력이 있을 만큼 워낙 소설과 희곡도 많이 썼던 작가이기도 하니, 철학서가 아닌 문학 작품이나 인터뷰에서 나온 말인지도 모르겠다. 어쨌든 인생은 삶Birth과 죽음Death 사이의 무수한 선택Choice이며 그 선택이 오늘의 우리를 만든다는 의미라면 사르트르의 철학과 맥이 잘 닿는 말이다.

사실 임신부와 태아의 생명권 문제는 정의라는 개념을 논할 때 단골로 등장하는 메뉴였다. "태아의 생명이 엄마의 질환으로 인해 위독하다면, 우리는 어떤 선택을 하는 것이 옳을까?" 상상할 수 있는 각종 산부인과의 비극적 의료사고들을 줄줄이 나열하며 인자한 매 같은 (인자한 매를 본 적은 없지만 그 교수님의 눈빛을 달리 표현할 방법이 없다. 매같이 날카롭고, 그리고 인자했다) 눈빛으로 우리에게 질문을 던지던 아브람슨 교수님의 얼굴이 떠올랐다. 우리는 자신의 의지로 자기 삶을 마감하면서 아이의 목숨을 살린, 대체 뭐라 표현해야 할지도 모르겠을 만큼 용감한 산모들의 이야기를 종종 접한다. 그간 배운 대로 이 문제를 늘 정의의 개념과 밀착시켜 생각해 왔지만 막상 닥치고 보니 정의의 개념 같은 건 떠오르지도 않았다. 정의의 문제가 아니라 그저 삶의 문제, 생존의 문제였다.

그랬다.

내게는 출산이 'C between B and D'였다.

감사하게도 나도 아이도 건강했기에, 여기에서의 C는 선택Choice의 C가 아니라 기회Chance의 C다. 출산은 내가 삶과 죽음이 맞붙어 있음을 처음 제대로 느꼈던 기회였다. 마치 죽비로 탁, 하고 어깨를 맞은 것처럼 그렇게 처음으로 죽음을 제대로 느꼈다. 내가 한 생명을 시작시킬 수 있지만 나의 생명이 다할 수도 있구나. 꼬물거리는 새 생명의 탄생을 앞두고 나는 그렇게 처음으로 나의 죽음과 눈을 맞추고 진지하게 인사를 나눴다.

새 생명을 품은 순간부터 나는 '삶'과 '생명'에 대해서만 생각했던 것 같다. 임신이라는 것은 한 생명의 탄생을 의미하는 것이지, 한 생명의 죽음을 의미할 수 있는 것이라고는 생각해 보지 않았다. 인간으로 태어난 이상 내 뒤 어딘가에 죽음이 따라오고 있다는 사실이야 알고 있었지만, 그 녀석은 칠만 킬로미터쯤 뒤에서 소리 소문 없이 조용히 오는 존재감 없는 녀석이었다. 그동안 살면서 죽음을 만나지 않았던 것도 아니지만 모두가 타인의 죽음이었지, 나의 죽음을 내 눈으로 빤히 바라본 적은 없었다. 곧 한 생명을 낳아 엄마가 되려는 시점, 나는 엄마가 되기 위해서 어쩔 수 없이 죽음을 바라보고 그 무게를 고스란히 느낄 수밖에 없었다.

삶과 죽음은 동전의 양면이다. 생의 근본적인 기분을 불안이라고 했던 하이데거는 언젠가 죽을 것을 모르면 살아가는 것을 실감할 일도 없다고 했다. 삶이 없다면 죽음이 없고, 죽음이 없다면 삶의 정수란 없다. 역설적으로 우리는 죽음을 생각할 때 삶에 대한 가장 강렬한 느낌을 얻는다. 죽음과 관련된 니체나 하이데거의 말이 그간 크게 가슴에 와 닿은 적은 없었는데 그날따라 배에 와 닿는 느낌이었다. 부른 배를 하고 그렇게 니체와 하이데거와 정중하게 악수를 나눴다.

죽음이라는 단어가 하루 종일 내 뇌 안에 뒷배경으로 플래카드처럼 걸려 있는 것 같았다. 하지만 감상에 빠지거나 깊이 생각할 시간은 없었다. 수술로 며칠 집을 비우기 전에 해놓을 일이 너무 많았기 때문이었다. 우리네 어머니들은 집을 며칠 떠날 때 곰국 한 솥을 끓인다지만 나는 곰국 대신 오븐을 켜고 대대적 베이킹을 시작했다. 더운 여름에 비교적 오래가는 먹거리, 언니와 남편과 아이가 오며 가며 간단하게 먹을 수 있는 아이템을 생각하자니 그게 나을 것 같았다. 콩가루를 넣어 고소한 식빵을 굽고, 남편이 좋아하는 스콘 반죽을 만들고, 아이가 좋아하는 블루베리 머핀을 만들어 반을 냉동해 두었다. 빵은 맛있게 먹으면 빵 칼로리라는 옛 성현들의 가르침도 있지 않은가.

남편은 아무거나 잘 먹고 요리도 잘하고 소식하는 편이라 알아서 하겠지만, 아무거나 먹을 수 없는 두 살짜리 아이가 걱정이었다. 사실 걱정할 일은 아니었는데, 그간 아이의 먹거리는 전적으로 내가 담당해 왔기 때문에 살짝 걱정이 생겼던 것 같다. 이래서 아빠들도 평소에 이유식 만들기, 아이 반찬 만들기의 경험치가 필요하다. 앞으로는 그에게도 은혜로운 기회를 충분히 주리라 생각하면서 아이가 잘 먹는 볶음밥을 넉넉히 마련하고, 아이가 좋아해서 이것만으로도 밥 한 그릇을 뚝딱 비우는 달콤한 무나물을 짭조름하게 볶았다. 자기가 직접 발판을 가져와서 냉장고 문을 열고 조그만 손을 뻗는 곳에는 간식으로 좋아라 먹는 복숭아 맛·망고 맛 요

거트도 많이 사두었다.

그러고 보니 내 손에 맡겨진 생명들이 걱정됐다. 내가 없어지면 생존에 타격을 받을 수도 있는 생명체들. 내 어린아이와 내가 키우던 식물들. 삐약거리며 뛰어다니는 첫째 녀석이야 남편과 언니가 챙겨줄 테지만, 바쁘고 정신없는 와중에 집 안 곳곳의 말 못하는 생명들에게까지 남편이 신경을 써줄지 걱정이 됐다. 모든 화분에 물을 충분히 주고, 남편에게 어떤 화분에 어떻게 물을 줘야 하는지 알려주는 쪽지를 썼다. 평소에 그렇게까지 깊이 생각해 본 적은 없었는데, 죽음이라는 플래카드가 하루 종일 뇌 안에 휘날리고 있었던 탓인지, 생명이라는 것은 이렇게 보이지 않는 사슬로 연결되어 있는 거구나 싶었다. 내가 없더라도 부디 잘 살아남아 주렴.

최후의 식사

o

수술을 앞두고 금식을 해야 했다. 오전 6시까지 간단한 아침을 먹으라는 지침. 그 이후에는 물도 한 모금 허락되지 않았다. 캄캄한 새벽에 일어나 간단히 씻고서 냉장고를 열었다. 부엌에는 아이를 맞기 위해 지난밤 남편이 개미처럼 집에 날라 온 먹이들과 꽃다발이 놓여 있었다. 최후의 만찬을 고르는 마음으로 신중하게 선택한 내 최후의 조찬은 두유에 시리얼 한 주먹, 어제 먹다 남긴 블루

베리 머핀 반쪽, 체리 한 알과 달콤한 한국 포도 세 알이었다.

먹고 나니 아쉬웠다. 시계는 아직 5시 52분. 남편이 특별히 한국 마트까지 가서 내가 좋아하는 것들로 바리바리 사 들고 온 반찬들 중에서 제일 좋아하는 무말랭이를 두 개 집어 먹고 곶감을 한 개 입에 물었다. 5시 58분. 시원한 보리차 한 잔으로 마감하니 왠지 만족스러운 느낌이 들었다. 이렇게 먹고 있자니 사형수들이 마지막으로 신청한다는 최후의 식사가 떠올랐다. 정말 앞으로 아무것도 못 먹게 된다면 뭘 골라야 할까. 사형수들은 대체 어떤 마음으로 최후의 식사 메뉴를 고르는 것일까.

영국 사진작가 제임스 레이놀즈가 미국 감옥에서 촬영했다는 '최후의 만찬Last Suppers'이라는 사진 시리즈가 있다. 죽음을 앞둔 사형수들이 마지막으로 원하는 식사 메뉴들을 재구성해 찍은 것이다. 죄수복 색깔과 같은 오렌지색 식판들을 보며 사형 제도의 존치 필요성에서부터 오만 가지 생각이 떠올랐지만, 가장 크게 든 생각은 어쩜 이렇게 메뉴가 천차만별일까 하는 것이었다.

사회과학에서는 합리적 선택을 하는 인간들을 가정하고, 그들의 행동 패턴을 파악해 미래를 예측하고자 한다. 가장 널리 알려진 합리적 선택 이론인 '죄수의 딜레마'만 보더라도 자신의 이익에 가장 도움되는 선택을 하는 합리적 행위자를 가정한다. 서로의 결정을 알 수 없게 각방에 가둬진 죄수들은, 협력(침묵)하는 쪽이 서로에게 이익이지만 상대의 결정을 모르는 상태에서 더 많은 이익을 얻으려면 배신(자백)을 하는 쪽이 낫기 때문에 아주 줄줄이 배신이 이어진다는 게 죄수의 딜레마다.

하지만 인간이란 사실 그렇게 호락호락하게 하나로 묶이지 않는 법이다. 죽을 만큼 위협적인 고문에도 입을 굳게 닫는 이들이 있는가 하면, 단지 죽을 수 있는 자유가 내게 있기 때문에 그 자유를 과시하고자 죽음을 택하는 인간들도 있는 것이다. 도스토옙스키의 소설《지하 생활자의 수기》에는 후자의 인간형이 잘 드러나 있다.

"바보 같은 짓, 자기에게 해로운 짓도 일부러 하고 싶어 하는 게 인간이다. 사람이 늘 합리적이고 타당한 목표만 가져야 한다는 의무에 얽매이지 않고 세상 가장 멍청한 짓을 할 권리도 있다는 걸 보여주기 위해서."

이 소설이 보여주는 인간 내면의 비합리적 본성과 광기를 생각한다면, 대체 어디로 튈지 모르는 이런 인간들을 무슨 수로 하나로 묶어 가정하겠는가.

따라서 어떤 가정도 예측도 쉽지 않다. 죽기 직전에는 누구나 상다리가 부러지게 맛있는 음식을 먹고 싶을 것 같지만, 사진으로 확인한 메뉴들은 내 예상을 가뿐히 뛰어넘었다. 크래커 한 조각에 콜라 여섯 병, 혹은 심플하게 도넛 하나에 커피 한 잔. 심지어 허망하게 올리브 한 알을 요구하거나 식사 대신 그저 성냥과 담배를 선택한 사람도 있었다. 예측 불가능한 인간 존재의 특성이 식판들 위에 너무도 잘 드러나 있었다.

그 식판들의 행렬은 인간을 획일적이고 예측 가능한 존재, 계량 가능한 존재로 바라보는 오늘날의 사회과학에 가하는 무언의 일침이 아닐까 싶었다. 유독 시선을 잡아끌던 까만 올리브 한 알은 내게 그런 질문을 던지는 까만 눈동자 같기도 했다. 계량과 예측도 필요하지만 우리에게는 더욱더 인간을 인문학적으로, 철학적으로 바라보는 균형 잡힌 시각이 필요하지 않겠느냐는 그런 도전적인 질문. 하긴, 출산을 앞둔 임신부들의 마지막 식사 메뉴는 세상의 많은 임신부 숫자만큼이나 얼마나 다양할까 싶은 생각에 슬그머니 웃음이 나왔다. 부디 그 식사가 정말로 최후의 만찬이 되는 일은 없기를.

삶에 대해 만족하는 편이었고, 늘 생에 대한 미련은 크지 않았다. 하지만 아이가 생기고 나서는 삶에 대한 미련이 갑자기 풍선처럼 후욱 불어났다. 내 어머니가 적지 않은 나이에 나를 낳으셨다. 나는 엄마보다 훨씬 늦은 나이에 아이들을 낳았다. 나이에 초연하게 살아왔는데, 아이가 생기니 자꾸 나이 계산을 하게 된다. (하지만 숫자가 제2 외국어인 인간이라 계산이 잘 안 된다. 그래서 왠지 마음이 든든하다.)

우리 모두에게는 인생을 살면서 엄마가 필요한 순간들이 있다. 돈으로도 살 수 없고 종교로도 채워지지 않는, 엄마만의 자리. 세상과 처음 만나는 연결고리이자, 내가 이 세상에서 따끈한 밥을 공짜로 얻어먹어도 마음 편할 유일한 사람. 아이에게 엄마의 자리는 성인이 되어서도 종종 필요할 텐데, 내가 잘 버텨줄 수 있을까. 일단은 수술을 잘 버티는 것부터 시작해야겠지. 그렇게 나는 내 손에 맡겨진 생명들과 잠시 이별을 하고 또 하나의 생명을 탄생시키러 갔다.

출산,
수술대에 올라
자유를 생각하다

: 자유의 사슬, 누구와 어떻게 묶일 것인가

둘째를 만나기로 한 날이 밝았다. 덥고 청명한 날이었다. 전날 지시받은 대로 약품을 사용해 샤워를 하고 필요한 물건들을 최종 점검했다. 가뜩이나 시차로 정신이 없을 언니에게, 정신이 없기로는 둘째가라면 서러울 큰아이를 맡겨놓고 남편과 병원으로 향했다.

열 달 동안 늘 함께했던 아기와 이제 떨어질 시간.

임신부 동료였던, 마음이 고운 한 동생이 그런 말을 했었다. 열 달 동안 혼자가 아니라 늘 둘이 함께라는 것은 여자들만 가질 수 있는 특별한 행복인 것 같다고.

사람은 누구나 홀로 살아간다. 생각해 보면 밥을 먹을 때도, 거리를 걸을 때도, 슬픔을 느낄 때도, 심지어 외로움을 느낄 때도, 그열 달만은 혼자가 아니었다는 건 참 뭉클한 사실이었다. 이제 또다시 완전한 한 개체, 나만의 자유의지를 가지고 행동할 수 있는 인간으로 돌아갈 시간. 그래, 이제 헤어질 때가 되었나 보다. 내 안에 한 몸으로 들어 있던 아이가 이제 독립적인 개체가 되어 나와 떨어진다고 생각하니 시원섭섭한 마음이 들었다.

내 몸을 마취한다는 것

。

부분 마취를 하고 수술을 하기로 했었다. 가슴께 밑으로 하반신만 마취를 하는 것이다. 그러면 내내 정신을 말짱하게 유지하다가 아기가 태어났을 때 바로 내 눈에 아기를 담고 아기와 인사를 할 수 있다.

첫아이 때도 동일하게 부분 마취를 했었다. 그때는 처음으로 분만실에 들어와 본다는 인턴 하나가 내 동의하에 수술 과정에 함께했다. 천으로 된 가림막이 내 가슴께에 세워졌기 때문에 나는 오로지 소리만 들을 수 있었는데, 누가 보면 그 인턴이 아이 아버지인 줄 알았을 게다. 내 쪽으로 얼굴을 들이밀며 싱글벙글, 남편보다 더 흥분하면서 어찌나 기쁜 톤으로 아기를 꺼내는 과정을 나에게 생중계해 주던지. 나는 덩달아 즐겁게 혼이 반쯤 나간 상태로 누워 있었던 것 같다. 아기가 나왔다고 했는데 잠시 정적이 흐르다가, 드디어 터져 나온 내 첫아이의 울음소리를 들었을 때의 기분을 잊지 못한다. 지금 글을 쓰면서도 왠지 모를 요상한 미소가 피어오른다.

그 감동과는 별개로 수술대에 누워 '이건 두 번 다시는 못할 짓이다' 싶었는데 어쩐 일인지 나는 또다시 그렇게 수술대에 눕게 되었다. 인간은 어리석고 같은 실수를 반복한다고 했던가. 산 채로 배를 가르는 이 무자비한 경험을 다시 하게 되다니.

우선은 하반신 마취를 해야 했다. 등을 새우처럼 구부리고 자세를 취하면, 바늘 끝의 대각선 각도까지 척추에 생생하게 느껴지는 그런 주사를 맞게 된다. 보기 좋게 나이가 든 노신사 의사분께서 어깨를 안아주며 편안하게 주사를 맞을 수 있게 도와주셨다. 따뜻한 마음과 포근함이 느껴져 참 좋다고 생각하는 와중에 아래쪽에 따뜻한 느낌이 퍼지면서 급속도로 하반신의 감각을 잃었다. 다리가 천근만근, 발가락 하나 꼼짝할 수 없었다. 그렇게 다시 수술대에 올랐다. 올랐다기보다 하나, 둘, 셋, 하고 들어 올려졌다.

갑자기 기분이 굉장히 나빠졌다.
내 몸의 주인 된 성질을 잃어버린다는 것.

개구리처럼 묶인 채 발가락 하나 내 맘대로 꼼지락거릴 수 없다는 사실이 화가 날 만큼 불쾌했다. 무력하게 누운 채 나의 생명과 안위를 오롯이 타인에게 맡겨야 하는 상황은 정말이지 기분이 별로였다. 그럴 리는 없겠지만 이들이 갑자기 나쁜 마음이라도 먹는다면, 아니 이 병원에 테러라도 난다면, 나는 이렇게 묶여 어떤 반항도 하지 못하고 정신이 말짱한 채 죽는 건가. 누가 위해를 가한대도 내 발로 도망갈 수조차 없는 상황을 생각하니 세상에 그렇게 답답할 수가 없었다. 뭐 사실 도망가 봤자 초속 1센티미터의 속도로 얼마나 가겠냐마는.

갑자기 볼이 되게 간지러운데 손가락을 뻗어 긁을 수가 없었다. 남편에게 간지러운 곳을 정확히 설명하는 것도 일이었다. 아기에 정신이 팔려 내 얼굴 쪽으로는 별 관심이 없는 남편의 주의를 어렵게 끌어 어찌어찌 가려움을 해소하고 나자, 힘들고 부정적인 감정이 뒤섞여 보글보글 끓어오르기 시작했다.

수술대에 몸은 묶여 있지만 정신은 멀리 달아났다. 전신에 마비가 있는 분들은 이 괴리를 도대체 어떻게 견디는 것일까. 첫째를 꺼낼 때는 그 신난 인턴 때문에 그저 정신이 없었는데, 이번에는 고요한 수술 팀을 만나 머릿속이 시끄러웠다. 길지 않은 순간이었지만 눈물이 날 지경이었다. 이제 나이가 드셔서 주로 침대에 누워 계시는 우리 엄마는 저 멀리까지 달아나는 정신을 감당해 주지 못하는 육신을 매일 어떤 심정으로 느끼실까. 파킨슨병을 앓으신다는 은사님께선 자유롭지 못한 당신의 노구와 어떤 방식으로 화해하고 계시는 것일까.

그렇게 수술대에 누워 나는 육신과 정신 사이의 괴리를 느끼며 자유의 소중함에 대해 생각했고, 나이 든 내 엄마에 대한 미어지는 마음이 깊어지던 그 순간 나는 또 한 아이의 엄마가 되었다. 배 쪽에서 무언가가 거칠게 잡아당겨지는 느낌. 아이는 오후 5시 58분에 태어났다.

춥고 사지가 떨렸지만, 멋도 모르고 세상에 끌려 나온 아이의 울음소리를 듣자 그 모든 불쾌감이며 형언할 수 없던 무기력감도 조금씩 녹아내렸다. 마음고생을 많이 하며 품고 있던 아이였다. 엄마가 고생을 하느라 첫째 때처럼 기쁜 마음으로 이것저것 만들어주거나 챙겨주지도 못했다. 그저 무사히 만나자, 많은 걸 못 해줘도 최선을 다해서 사랑해 줄게, 그렇게만 다짐했던 아이였다.

너를 이렇게 무사히 만나서 기뻐. 고생 많았어, 아가야.

엄마의 자유

◦

모든 게 평온했다. 아기의 아프가 스코어Apgar score도 좋았고, 나도 두 번째라 모든 것이 조금 더 익숙했다. 나랑 처음 떨어져 보는 첫째는, 언니의 말을 빌리자면 뒷마당에서 포세이돈에 빙의해 격한 물놀이를 즐겼다고 한다. 워낙에 아이들과 친구처럼 잘 놀아주는 언니라 (각종 연령대에 빙의 가능하다는 특기가 있다) 아이도 신나게 놀았나 보다.

수액이 들어가면서 팔이 시원해지고 상쾌해지는 느낌이 들었다. 문제는 내 앞 순번의 수술이 의외로 길어진 탓에 내 수술이 3시간이나 지체되어 나의 금식 시간이 너무 길어졌다는 것. 그렇게 나는 거의 하루를 쫄쫄 굶고, 밤이 되어서야 덜덜 떨면서 물과 크래커를 조금 먹다가 모든 걸 토했다. 이대로는 내가 이불에 토하게 된다는 것을 분명히 알면서 가만히 누운 채 힘없이 토하는 느낌은 참 신선하게 별로였다. 심장에 지진이라도 난 듯 손과 팔이 심하게 덜덜 떨렸다.

하지만 내 맘대로 발가락을 움직일 수 있다는 것이 이렇게 행복한 일인 줄 몰랐다. 발가락을 꼼지락거리는 일은 평소에 딱히 즐거운 일은 아니었지만, 그날만큼은 너무도 즐거웠다. 몽테스키외가 말했듯 자유는 결핍과 공포를 통해 느껴지며, 주디스 슈클라가 주장했듯 정의는 불의를 통해 느껴지는 법이다. 수술대에 올라 공포와 결핍의 순간을 강하게 체험하고 나니, 내게 다시 주어진 꼼지락의 자유가 그렇게 고맙고 기쁠 수가 없었다.

자유의 의미에 대해 논한 철학자들은 많다. 박사과정 첫 학기에 들었던 수업 중에 한 학기 내내 자유의 개념을 다각도로 탐구하는 수업이 있었다. 리딩 리스트에는 칸트가, 밀이, 헤겔이, 마르크스가 있었다. 벌린이 설명하는 소극적 자유negative liberty와 적극적 자유positive liberty가 있었고, 콩스탕이 논한 고대인의 자유ancient liberty와 근대인의 자유modern liberty가 있었다. 자유주의에서 말하는 자유, 계몽주의에서 말하는 자유, 공화주의에서 말하는 자유가 있었다. 아주 자유가 풍년이었다. 그러나 이날만큼은 내게 그저 꼼지락의 자유가 무엇보다 중요하고 달콤했다.

그렇게 다시 발가락을 꼼지락거리며 움직일 수 있게 된 내 곁에는 온몸을 꼼지락거리는 아기가 놓여 있었다. 미국에서는 출산 후 기본적으로 엄마와 아기가 한 방에서 지낸다. 천국이 따로 없다는 우리나라의 산후조리원을 경험하지 못한 것은 아쉽기도 했지만, 갓 태어난 아기를 데려가지 않고 '이제 가족이네요' 하면서 한 방에 함께 있게 하는 건 정말 마음 따뜻해지는 일이었다. 아기도 갑자기 낯선 곳에 혼자 있는 것보다는 엄마 곁이 좋았겠지만, 다음 글에 나올 가벼운 우울증에 아기의 존재는 내게 정말 큰 위로가 되었다. 우리 아기는 있는지 없는지 헷갈릴 만큼 조용했지만, 아기가 너무 울어 엄마가 잠을 못 잔다든지 하는 경우에는 간호사들이 가족에게 의향을 물어보고 엄마가 푹 쉴 수 있도록 아이를 신생아실에 데려가 보살펴 주신다고 했다.

두 번째 아이라 수유 자세도 힘들지 않게 자리를 잡았지만 첫날에 당장 배부르게 나올 리는 없었다. 간호사들이 떠처럼 된 헝겊을 내게 두르고 그 안에 아기를 쏙 넣었다. 엄마와 살을 맞대고 있게 하려는 것이었다. 태어난 지 24시간 이내의 아기는 엄마와 맨살을 맞대고 따뜻하게 안겨 있는 것만으로도 혈당이 올라간다고 한다. 임신과 출산 과정을 통틀어 인체의 신비란 이런 거구나 싶은 게 많았지만, 내가 경험한 가장 어여쁜 신비였다.

그렇게 아기와 찰싹 붙어 있자니 "자유란 사슬을 끊는 것이 아니라 누구와 묶여 있을지를 선택하는 것"이라던 어느 영화의 대사가 생각났다. 졸며 채널을 마구 돌리다 그 부분만 뇌리에 남아, 어느 영화인지 기억도 못한다는 것이 아쉽다.

사실 인간으로 태어난 이상 절대적인 자유를 누리는 것은 불가능하다. 우리는 대체로 주어진 틀 안에서 사고하고 자신이 처한 상황 속에서 선택하기 때문이다. 기본적으로 인간 존재 자체가 무수히 많은 제약으로 묶인 존재다. 태어나자마자 물과 태양과 공기에, 나아가서는 부모와 사회와 국가에 묶이는 존재.

하이데거는 "인간이라는 존재는 땅 위에 정주하면서 비로소 이루어진다"고 했다. 특정한 시간과 공간 위에 놓이지 않고 시작하는 삶이란 없다. 때문에 어느 시간, 어느 공간에서, 누구의 아이로 태어나 삶을 시작하는가가 그 사람의 알맹이에 큰 영향을 미친다. 그런 기본적인 사슬에 엮이지 않고 자신만의 자유를 바로 구가하는 것은 불가능하다. 일단 시대라는 공기, 사회라는 토양 속에서, 부모라는 햇빛을 받은 알맹이가 싹을 틔우고 자라야 나중에 잎을 펼치고 자신이 좋아하는 바람에 또다시 자유롭게 흔들릴 수 있는 것이다. 자유란 무조건 사슬을 끊는 것이 아니라 누구와 행복하게 묶여 있을지를 선택하는 것이라는 말은, 그래서 채널이 돌아가는 그 몇 초 사이에 졸린 내 머릿속을 비집고 들어올 만큼 울림이 컸다.

그렇다면 아가야, 이렇게 너와 묶여 있는 것이 내 자유인가 보다.

내가 처한 상황에서 너를 낳기로 선택하고 지켜온 것, 이렇게 함께 묶여 있는 것. 그간 나는 불편하고 힘들었고 앞으로는 더 수고롭겠지만, 내가 누릴 참 귀한 자유구나. 너도 네 의지대로 발가락을 꼼지락거릴 수 있는 날이 오기까지, 너도 네가 가진 자유의 의미에 대해 사고할 수 있는 날이 오기까지, 우리 따뜻하게 묶여서 잘 지내보자, 아가야.

탄생,
아기와의 만남

: 아이의 눈동자에서 아렌트의 시작을 보다

아기의 탄생

。

아기의 탄생이 갖는 의미에 대해 언급한 철학자들이 꽤 있다. 나는 그중에서 아렌트의 이야기를 가장 좋아한다. 왜 아렌트 할머니 얘기가 가장 좋은지 설명하려면, 상반되는 관점을 가졌던 할아버지들 얘기부터 꺼내는 게 좋을 것 같다.

사르트르나 칸트, 하이데거는 탄생의 '비자발성' 혹은 '강제성'에 밑줄을 긋는 편이다. "왜 맘대로 절 낳으셨나요" 같은 거랄까. 사실 생각해 보면 그렇다. 인간의 죽음에는 스스로 선택할 여지가 있지만, 탄생에는 선택의 여지란 것이 전혀 없다. 사르트르 같은 경우, 아이가 스스로 요구하지도 않은 탄생은 자유에 대한 일종의 '스캔들'이라고 한다. 그럴 생각 없었는데, 이 세상에 나올 생각 따위 없었는데 처음부터 남에 의해 시작하게 된 인생이라니. 인간의 자유의지를 생각할 때 이건 시작부터 엄청난 스캔들이라는 이야기다. 칸트 역시 아기의 출생은 "한 인격체를 동의 없이 멋대로 세상에 들어오게 한 행위"라고 본다. 특히 재미있는 부분은 아기가 태어날 때 내는 울음소리를 "첫 자발성의 표현이자 자유의 외침"이라고 보는 것. 즉, 태어나자마자 응애응애 우는 건 내 동의도 없이 왜 날 낳았냐는 항의라는 신선한 발상이다. 칸트가 궁극적으로는 부모의 책임과 의무를 강조하기 위해 이런 밑밥을 까는 것이지만, 어쨌든 아기의 출생 자체는 강제, 부당함, 분노 같은 부정적 단어들로 그려진다. 하이데거에 따르면 우리는 모두 세상에 '내던져진 존재geworfenes Sein'들이다. 전적으로 무력하게 세상에 내던져진 채로 생을 시작한다.

종합하자면, 공통적으로 이 세 철학자는 인간의 탄생을 '멋도 모르고 세상에 내던져지는 행위'로 본다. 세상에 덩그러니 내동댕이쳐진 갓난아기.

이에 반해 아렌트의 시각은 아름답고 경이롭다. 아렌트는 "시작이 있기 위해서, 이전에 결코 존재하지 않았던 인간이 창조되었다"는 아우구스티누스의 문장을 유심히 살폈고, 이 씨앗 같은 문장은 잎을 달고 꽃을 피워 아렌트의 탄생 철학이 되었다. 아렌트에 따르면 인간은 누구나 이 우주를 새로이 출발시키며 탄생한다. 한 인간이 새로 태어날 때마다 우주는 새롭게 출발한다는 것이다. 새로운 우주를 출범시키는 기적 같은 능력이 신뿐만 아니라 우리 인간에게도 있다는 말이다. 창조주가 인간을 창조했듯이, 제2의 창조자인 부모들도 신의 창조를 본받아 자신의 아이들을 창조한다.

신이 창조한 기적, 인간.

부모가 신을 본받아 창조한 기적, 아이.

서양철학이 대체로 '죽음'과 '사유'를 중심으로, 즉 언젠가 '죽을' 운명으로서의 인간에 대한 '사유'에 몰두해 왔다면, 아렌트는 대조적으로 '탄생'과 '행위'를 철학의 중심에 두었다. 이렇게 '탄생'한 인간들이 '행위'를 통해 이 우주를 변화시킨다. 그래서 그녀에게 탄생이란 귀하고 아름다운 시작이다.

이전에는 없었던, 그 누구도 대체할 수 없는 자로서 이 세상에 새로 온 존재들. 생각해 보면 엄청난 일이다. 인류 역사를 통틀어 태어났던 그 수많은 사람들이 전부 제각각 다른 사람들이라니! 그렇기에 우주는 한 인간의 탄생을 기점으로 새롭게 출발하는 것이다. 아렌트의 인간은 모두 "새로 시작하는 자"들이다. 부모는 이 세상에 유일무이한 사람으로 태어나서, 누구와도 대체할 수 없는 또 다른 누군가를 자식으로 탄생시킨다. 시작이 시작을 낳고, 우주는 온통 새로운 시작들로 가득하다.

사르트르나 칸트의 논의를 딱히 싫어하는 것은 아니지만, 인간의 탄생에 관한 아렌트의 이야기는 참 매력적이다. 인간은 필멸하는 존재가 아니라 시작하는 존재라는 것. 나는 치열함에서 건져 올린 이 밝음이 좋았다. 그래서 아렌트의 이야기를 좋아하는 나에게 아기의 탄생이란 뭔가 우주적인 이벤트였다. 이전에는 결코 존재하지 않았던 새로운 생명이 나를 통해 이 세상에 놀러 오는 것. 나의 우주가 새로운 우주를 만나는 것. 이 세상이 내 아이의 탄생을 통해 또 새로운 우주로 재탄생되는 것.

첫 눈 맞춤, 그 우주적인 이벤트

○

첫아이가 처음 나를 응시하던 순간을 기억한다. 아기가 태어난 지 만 사흘이 지났을 때였다. 왜 사흘이나 지났냐고 한다면, 갓 태어난 아기들은 대체로 눈을 잘 못 뜬다. 강아지들이 눈 뜨는 데 한참 걸리는 것처럼. 퇴원해 (사흘밖에 안 지났는데 퇴원했냐고 묻는다면, 수술을 했어도 퇴원은 쏜살같이 하는 게 미국 병원이라는 점 살포시 알려드린다) 집에 돌아와 소파에서 오후 햇살을 받으며 아기를

안고 있는데, 그 맑고 검은빛으로 주의 깊게 나를 응시하던 아기의
눈. 내 안에 들어 있던 아이가 밖으로 나와 처음으로 나와 눈을 맞
추고 그 깊고 검푸른 눈으로 나를 지그시 바라보았을 때, 나는 말
그대로 우주의 경이로움을 느꼈다. 아렌트가 말했던 새로운 우주
가, 약간 안개가 서린 듯했던 그 작고 검은 눈동자에 들어 있었다.
아렌트의 말대로 이런 눈동자는 인류 역사상 딱 하나, 여기에만 존
재하는 것이었다. 내가 이 새로운 우주를 탄생시켰다는 먹먹한 감
동이 푸르스름하게 나를 감쌌다.

　그 순간만큼은 시간이 멈추고 세상에 나와 이 아이만 존재하는
것 같던 마법의 시간. 고요한 가운데 화선지에 먹이 번지듯이 잔
잔히 번져나가던 행복감. 무슨 생각을 하며 엄마 얼굴을 쳐다본 걸
까. 내게는 세상 그 어떤 눈길보다 강렬하고 기억에 남을 눈빛이었
다. 물론 얼마 후, 갓 태어나 눈을 뜬 아기의 시신경으로는 엄마를
제대로 볼 수 없다는 사실을 알고 조금 실망했다. 엄마를 한참이나
지그시 바라보던 그 안개 같은 눈빛을 내가 얼마나 마음 깊이 담아
뒀는데. 때로는 세상 모든 것을 과학적으로 꼬치꼬치 밝히지 않아
도 좋은 법이다.

　마르크 샤갈의 〈나와 마을I and the Village, 1911〉이라는 그림을 가만
히 들여다보면 샤갈이 일부러 눈 맞춤을 강조하기 위해 눈 사이에
그려 넣은 선이 보인다. 아기와의 그 인상적인 눈 맞춤 이후 머릿
속에 떠올랐던 그림이다. 미술관에 갈 때마다 가장 마음에 남았던

그림을 엽서나 자석으로 사 오곤 하는데, 뉴욕 MoMA에 갔던 날은 샤갈 그림의 그 흐릿한 선이 가장 또렷하게 내 마음을 끌었다. 세상 모든 것을 과학적으로 밝히지 않는 것이 더 아름다울 수 있듯이, 때로는 예쁜 색을 입은 진한 선보다 보일 듯 말 듯 흐린 선 하나가 사람의 마음을 더 잡아끄는 법이다. 그렇게 아이와 나 사이에는 눈에는 보이지 않지만 절대 끊어지지 않을 선 하나가 생겼고, 그 선은 시도 때도 없이 나의 마음을 잡아당겼다. 그리고 나를 울리기 시작했다.

가장 눈물을 주는 것도 너, 가장 위로를 주는 것도 너

°

갓 태어난 아기는 놀랄 만큼 작고, 놀랄 만큼 부드럽다. 이렇게 조그만 인간이 있다니. 그런데 그 작고 약하고 부드러운 아기가 산모에게 얼마나 큰 위로를 주는지 모른다.

베이비 블루Baby blue. 산후우울증까지는 아니고, 첫아이를 낳고서 한 사나흘 정도 가벼운 우울감 같은 것이 있었다. 호르몬 때문인지 이유 없이 그렇게 눈물이 났다. 아이가 이렇게 작고 예쁜데 세상이 너무 험해서 어쩌지. 이렇게 귀여운 아기가 혹시 아프거나 잘못되면 어떻게 되는 걸까. 이런 쓸데없는 생각으로 눈물이 줄줄 흘렀다. 지금 보면 이런 걸로 뭐 눈물씩이나 싶지만 그때는 나도 내가 왜 이러는지 민망할 정도로 아무것도 아닌 일에 눈물이 흘렀다. 이렇게 힘들고 험한 세상에 이렇게 나약한 존재를 낳아놓고 그 존재를 가슴 깊이 사랑하는 데서 오는 불안감이, 엄청난 무게로 나를 짓눌렀다.

그런데 아기를 안으면 어쩐지 마음이 가라앉고 가슴이 따뜻해졌다. 갓 태어난 아기의 그 믿을 수 없는 보드라움도 좋았고, 기저귀에 분 냄새 같은 것이 덧입혀져 있어서 안으면 정말 좋은 냄새가 났다. 목덜미에서 나는 예쁜 아기 냄새가 코에 폭 와 닿으면 마음이 풀어지고 미소가 났다. 아기 때문에 눈물이 나는데, 또 아기 때문에 위로를 받는 아이러니한 상황. 그런데 평생 이런 아이러니가 지속될 것 같기도 하다. 가장 눈물을 주는 것도, 가장 위로를 주는 것도 아마 너희들이 되지 않을까.

그렇게 아기를 만난 나는 울며 웃었다.

그런데 새로운 만남은 이게 다가 아니었다. 또 하나의 우주적인 만남이 있었으니 그것은 바로 미국의 산모용 식사와의 만남. 산모의 치아 건강을 생각하여 특별히 약간 질긴 식감의 바게트를 사용한 오픈 샌드위치(라고 쓰고 빵 쪼가리라고 읽는다)에 토르텔리니 수프, 질소 듬뿍 감자칩, 혈당이 쑥 치솟을 거대 초콜릿 쿠키, 여기에 화룡점정 바닐라 아이스크림으로 마무리. 아, 엄마가 먹지 말라는 것들만 특별히 골라놓은 것 같은 이 아름다움이란. 산모가 먹으면 금방 건강을 회복할 것 같은 이 보양식 세트를 받아 들고 사진을 찍어 여고 시절 친구들이 모인 대화방에 올렸더니, 대체로 육아 선배인 친구들은 특히 아이스크림이 나온다는 사실에 웃음과 경악을 금치 못했다. 실은 언니와 남편이 부지런히 따끈한 미역국이며 맛있는 죽, 만두나 당귀차 같은 것을 날라다 주었기 때문에 어떤 메뉴가 나오든 크게 상관은 없었다. 면회를 오는 가족과 바꾸어 먹으면 되었으니까. 그래도 나는 미국에서의 출산이 누릴 수 있는 통 큰 혜택이라고 생각하며 끼니마다 아이스크림을 종류별로 주문해 먹기를 즐겼다. 그렇게 웃음을 주는 것도 너, 아이스크림을 주는 것도 너.

그렇게, 내 세상에 아기가 옴으로써 새로운 우주가 펼쳐졌다.

잠깐만요,
엄마가 된다는 게
이런 것이었나요

수유,
나는 가슴이 달린 채 존재한다.
고로?

: 젖을 물린 채 가슴 해방 운동에 대해 생각하다

내 세상에 아기가 옴으로써 새로운 우주가 펼쳐졌다.

하지만 일단은 블랙홀 같은 우주였다. 엄마의 온 영혼과 에너지를 빨아들이는 우주.

조그만 게 기침도 하고 재채기도 하고 하품도 하고, 너무나 신기한 작디작은 인간. 그런데 이 인간이 계속 살아 있는 건지 불안했다.

목도 못 가눠 머리가 툭툭 떨어졌다. 아악.

폭신폭신 조그만 인형에도 숨이 막혀 죽을 수 있다고 한다. 아아악.

유아 돌연사 증후군이라고, 침대 위에서 멀쩡히 자고 있던 아기가 사망하기도 한단다. 아아아악.

대체 어쩌란 말인가. 그래서 하루 종일, 아기가 잠을 자는 동안에도 내 정신은 온통 그 조그만 인간의 숨쉬기 운동에 쏠려 있었다. 〈SKY 캐슬〉의 '쓰앵님'에 빙의하여 나는 아기가 계속 살아 있는지, 숨을 잘 쉬고 있는지, 의심하고 또 의심했다.

교대해 줄 사람이 없다면 그렇게 종일 아기에게 온 정신을 쏟으면서 엄마가 쉬고 잠을 충분히 자기란 불가능하다. 그런데 실은 교대해 줄 사람이 있어도 엄마는 피곤하다. 엄마에게는 가슴이 달려 있기 때문이다. 아기는 삼시 세끼를 먹는 게 아니다. 삼시 열두 끼(?)를 먹는다. 위가 충분히 커진 성인들은 하루에 세 번 든든하게 먹으면 족하지만, 뱃구레가 작은 아기는 두세 시간 간격으로 먹어야 한다. 아이는 블랙홀처럼 모유도 쭉쭉 빨아들였고, 동시에 엄마의 잘 시간도 그 블랙홀 안으로 휘리릭 빨려 들어갔다. 그저 가슴이 달린 죄였다.

날카로운 첫 수유의 기억

°

유학 시절 교수님 한 분이 이사로 책장을 비우실 때, 대학원생들을 초대해 갖고 싶은 책을 마음대로 고르게 하신 적이 있다. 그

때 얻어온 책들 중 소설이 하나 있었는데, 킴 에드워즈의《메모리 키퍼》라는 소설이었다. 거기에는 여주인공 노라가 아이에게 수유하는 순간이 굉장히 신비롭게 묘사되어 있었다. 수유하는 순간에 노라는 자신을 수액이 가득 차 흐르는 나무, 고요한 강이나 만물을 감싸 안는 바람 같다고 느낀다. 참고로 이 소설엔 1960년대 미국에서 모유수유는 굉장히 래디컬한 것이라서 노라가 수유에 관한 정보를 찾느라 고전했다는 이야기도 잠깐 나온다. 노라의 친엄마도 그에 대해 논하는 것 자체를 거부할 정도였으니, 온 사회가 나서서 모유를 권장하는 지금의 모습과는 간극이 크다. 1950년대만 해도 미국에서 모유수유는 교육 수준이 낮은 하층 계급이나 하는, 다소 역겨운 것으로 보는 시각이 절대다수였다고 한다.

꿀 같은 수액이 가득 차 흐르는 나무 쪽이 가장 매혹적이긴 했지만, 그보다는 남편과 논쟁 후 격해진 마음을 아기에게 수유를 하며 가라앉히는 부분을 오려 와 붙여본다.

천천히, 아주 천천히, 폴이 젖을 먹기 시작하고 주위의 빛이 사그라들면서 노라는 차분해지기 시작했다. 그리고 또다시 세상을 넉넉히 받아들여 자신의 물줄기로 감싸 안는, 그 고요하고 넓은 강이 되기 시작했다. 바깥에서는 푸른 풀들이 침묵 속에서 천천히 자라나고 있었고, 툭 터져 열리는 알주머니에서 새끼 거미들이 부화하고 있었으며, 하늘에는 새들이 맥박 소리 같은 날갯짓을 남기고 있었다. 팔에 안긴 아이와, 과거로부터 존재해 온 세상 만물의 어린 생명들과 연결되는 느낌을 받으며 그녀는 이 순간을 거룩하다고 생각했다.

주변에서 태동을 설명한 이야기들은 실제 겪어보니 대체로 수긍이 갔다. 배 안에서 팝콘이 터지는 느낌이라든가, 배 속에서 나비가 날아다니는 느낌이라든가, 배에서 작은 물고기가 헤엄쳐 다니는 느낌이라든가. 그럼 수유하는 느낌은 저 소설 속 문장처럼 그렇게 깊고 아름답고 평화로운 걸까. 그리스 신화에도 우리가 은하수라고 부르는 밀키 웨이Milky Way가 여신 헤라의 젖이 흩뿌려진 거라는데. 반짝이는 별가루라니, 그렇게 아름다운 우주 만물과 연결되는 느낌을 정말 받는 걸까. 나는 그 순간을 동경하며 기다렸다. 소설에 등장하는 매혹적인 묘사들을 되풀이해 읽고, 눈물이 날 것 같이 아름다운 피카소의 그림 〈엄마와 아기Mother and Child, 1963〉를 바라보면서. 그런데 그런 느낌은 아주 나중에, 모든 것이 자연스럽게 반복되어 익숙해졌을 때의 일이었다. 거기까지 도달하는 과정은 잔혹했다.

일단 아팠다. 먹고 살겠다는 의지가 가득한 야무진 입에, 연약한 부위의 살을 계속 깨물리니 쓰리고 아픈 건 당연하다. 누군가는 아스팔트에 가슴을 가는 느낌이라고 했는데 내 비록 직접 갈아본 적은 없지만 몹시 비슷할 것 같았다. 피가 나서 아픈데 어쩔 수 없이 또 물려야 할 땐 온몸에 힘이 들어가고 비명이 절로 나왔다. 아기가 이가 나기 시작했을 땐 귀여운 아기 악어 입에 가슴을 넣는 느낌이었다.

젖이 불면 꿀이 가득 찬 벌집 같은 것이 꽉 들어찬 느낌인데 이게 또 굉장히 아팠다. 자는 아이를 깨우는 만행, 지구의 평화를 깨뜨리는 그 악행 중의 악행을 저질러서라도 아이에게 젖을 물리고 싶을 만큼 아프고 불편했다. 인체의 신비는 여기서도 유감없이 발휘되는데, 아기가 우는 소리를 들으면 가슴에 찌잉- 하고 전류가 통하는 느낌과 함께 젖이 돌아 뚝뚝 떨어지곤 한다. 내 이타적인 가슴은 TV에 나와서 앙앙 우는 이역만리 떨어진 남의 집 자식들에게도 반응했다. 와, 이건 따뜻하고 신비로운 반응이구나 싶은 생각도 들었지만 사실 그렇게 예쁘고 신비롭지만은 않았다. 아무리 집에 있다고는 해도 젖이 뚝뚝 떨어져 방금 갈아입은 옷을 적실 때의 당혹감은 이루 말할 수가 없었다.

그런데 이게 다가 아니다. 가장 민망한 부분이 남았으니 이름하여 유. 축. 기. 이 망할 놈의 기계가 최고였다. 기계가 가슴을 쥐어짜니 아프기도 더럽게 아플뿐더러, 이 비주얼은 대체 뭐란 말인가. 그 요상한 것들이 내 가슴에 달려 펌프질을 하고 있을 때면 이 민망한 장면을 견딜 수 없어 내게서 홀연히 빠져나가려는 멘털을 잘 붙잡아야 했다. 젖소들에게 감정이입을 한 나머지, 나는 실제로 유축기를 사용하면서 스마트폰을 들고 앉아 어떤 젖소들에게서 왜 우유가 나오며 어떤 과정으로 우유가 생산되는지 심각하게 검색한 적이 있다.

가슴이 달려 있다는 것

○

가슴이 달려 있다는 건 참 피곤한 거였다. 아기는 밤에 두세 시간 간격으로 깨어나 엄마를 찾았고, 잠이 부족해서 혼미한 상태로 젖을 물린 채 그대로 한참을 앉아 졸다 보면, 온몸이 경직되어 아프고 가슴도 피맺힌 채 부어올랐다. 아니 엄마가 열 달 동안 배 속에 넣어 키웠으면 인간적으로 가슴은 좀 아빠에게 달아주셔야 하는 거 아닌가 싶은 생각이 젖가슴까지 차올랐다. 신이라서 인간적일 수가 없으셨던 걸까.

사실 분유를 먹이면 될 일이다. 간단하다. 근데 앞 글에서 살짝 밝혔듯 나는 베이컨을 좋아하는 경험주의자다(아, 누가 '프랜시스 베이컨'이라는 베이컨 좀 출시 안 해주나). 그래서 온갖 종류의 경험을 조용히 환영한다. 그렇기에 수유도 해보고 싶었다. 다 큰 어른도 누군가에게 안겨 있으면 기분이 좋은데, 세상에 나와서 '여긴 어디 난 누구' 상태인 아기도 아마 보드랍고 따뜻한 엄마 품을 좋아하지 않을까. 모유 제일의 굳은 신념으로 비장하게 모유수유를 준비한 건 아니었고, 네가 좋아할 것 같아서 한번 준비해 봤어, 뭐 이런 기분이었다.

　그래서 필요하면 되는대로 분유도 먹이고 그랬다. 세상에 호들 갑 떨어서 딱히 잘되는 일은 없다는 지론을 갖고 있는 나는 기본적으로 조용함과 편안함을 추구한다. 좋다고 믿는 것을 성심껏 추구는 하되 너무 힘들게 애쓸 필요는 없지 않을까, 뭐 그런 태도로 인생을 살아왔다. 임신 중에도 태아에 안 좋을 수 있다고 알려진 것들, 이를테면 회나 초밥이라든가, 팥이나 파인애플이라든가, 모두 슬금슬금 먹었다. 조심하라는 얘기, 너무 많이 먹지 말라는 얘기니까 공자님 말씀 따라, 아리스토텔레스 할아버지 말씀 따라 중용만 잘 지키면 될 거라고 믿었다. 조리 중에 들어가는 요리용 술 한 방울에도 경기를 일으키는 임신부들의 그 마음가짐을 존경하지만 너무 그럴 것까진 없지 싶었다. 마찬가지로, 아이에게 좋다면 해주고는 싶지만 엄마의 영혼과 에너지를 모두 갈아 넣으면서까지 모유만을 고집하는 건 엄마에게도 아이에게도 좋지 않다고 생각했다. 최대한 주려고는 했지만 내가 할 일이 있거나 가슴이 쓰려서 너무 아프거나 하면 그냥 냅다 분유를 타주었다. 내가 우선 살아야 너희들을 먹여 살리지 않겠니. 엄마가 편해야 아이를 잘 돌볼 수 있다. 나처럼 남편 말고는 아무도 도와줄 사람 없이 타지에서 혼자 아이를 365일 책임져야 하는 경우는 더더욱 그렇다.

　사실 첫째 때 밤중 수유는 남편이 젖병으로 거의 책임져 줬다. 그리하여 가슴이 달리지 않은 사람도 같이 수면 부족에 시달렸다.

사실 가슴이 있건 없건, 그게 중요한 건 아니다. 저 아이는 가슴이 달리지 않은 사람의 아이이기도 하기 때문에. 우연히 가슴이 달려서 나왔을 뿐인데, 가슴이 달렸다고 해서 힘든 수유가 전적으로 가슴 달린 자들의 책무가 되어선 안 되지 않겠는가. 여성들이 차근차근 생각해서 선택하고, 함께 아이를 키우는 남성 혹은 여성들과 의논해서 방법을 찾아야 할 문제다.

모유를 직접 먹이든 분유를 타서 먹이든, 아기와 부모가 몸을 밀착하고 가장 오래 붙어 있는 게 수유 시간이다. 나는 수유를 하는 동안 내가 엄마가 되었다는 사실을 정말 많이 실감했다. 아마 남편도 밤중 수유를 책임지면서, 아이를 안아 그 고픈 배를 채워주면서 비슷한 느낌을 받았을 것이다.

내 팔에 안겨 나와 눈을 맞추며 내가 주는 것을 받아먹고 자라는 너,

내 아이구나.

쉽지 않은 우리의 가슴

o

가슴이란 게 아직도 참 쉽지 않은 주제긴 하다. 가슴 해방 운동이 있어 왔던 만큼, 그간 비틀리고 억눌려온 게 가슴이기도 하다. 다른 성별과 비교해서 너무나 다르게 생겼으니 주목을 안 받으려고 해도 안 받을 수 없었을 터. 1968년 미국에서는 미스 아메리

카 대회장 앞에서 브래지어 태우기 운동이 있었는데, 이 영향으로 급진적 페미니스트를 속칭 '브라 버너bra burner'라고 부르기도 한다. 2015년 즈음 영미권에서는 여성의 가슴 노출을 단속하는 공권력에 맞서 '프리 더 니플Free the Nipple' 운동을 시작했고, 우리나라에서도 최근 노브라에 대한 담화가 활발하다. 그 소중한 담화의 가운데엔 너무나 아깝게 세상을 떠난, 찬란하다 싶을 만큼 아름다웠던 설리가 있었다. 여성들의 주장은 내 가슴을 보라는 것도, 보지 말라는 것도 아니다. 시선의 끝에 머무는 객체가 되기 싫다는 얘기다. 내 몸이 편안했으면 좋겠고, 내 몸을 내가 원할 때 원하는 방식으로 당당히 드러낼 권리를 찾고 싶다는 것이다.

거 그냥 가려두지 가슴을 꼭 해방시켜야 하겠나, 묻는다면 빅토리아 시대의 사람들은 똑같이 거 그냥 가려두지 다리가 꼭 해방되어야 하겠나, 하고 묻지 않았을까. 아니 무슨 홍길동도 아니고 '다리leg'라는 음란한 단어를 입에 올릴 수가 없어서 피아노 다리를 피아노 다리라 부르지 못하고, 디너 테이블에서도 'chicken leg'나 'chicken thigh' 대신 'drumstick, dark meat'라는 말을 써야 했으며, 다리를 벌리고 앉을 수 없어서 여성이 첼로를 배울 수 없었던 그 시기. 지금 보면 웃지 않을 수 없다. 미니스커트를 입는다고 경찰이 무릎 위로 자를 들이대던 시절을 우리는 자유와 개성이 억압받던 시절로 기억한다.

게다가 실은 남성의 가슴이 해방된 것도 얼마 안 된 일이라는 사실. 미국에서 남성들의 가슴이 공공장소에서 노출되는 것은 똑같은 이유, 즉 부도덕하다는 이유로 금지당했다.《파장 만들기: 수영복, 그리고 미국의 노출Making Waves: Swimsuits and the Undressing of America》이라는 책에는 1936년 뉴욕주에서 남성들의 가슴 노출을 법적으로 허용할 때까지 남성들이 반드시 가슴을 가리는 형태의 수영복을 입어야 했었다는 귀여운 사실이 들어 있다. 1910년대 후반까지만 해도 남성들이 수영장에서 몸에 붙는 수영복을 입을 수 없었으며, 수영복 바지 위에 치마 같은 천을 걸치도록 하는 곳도 많았다고 한다. 30년대 초반에는 '수영복 바지만 입고 수영 및 선탠 할 권리'를 위해 싸우려는 용감한 남성들의 첫 시위가 코니아일랜드에서 있었고, 35년 애틀랜틱시티에서는 일단의 남성 시위자 그룹이 해변에서 대담하게 수영복 바지만 입고 있다가 체포되었다고 한다.

그러니 여성들의 가슴 해방 논의가 어후 당최 남사스럽고 눈꼴 시어 못 보겠는 남성분들이 계시다면, 조심스럽게 다음의 말씀을 드리고 싶다.

가슴 해방이라는 거, 사회마다 조금씩 다르겠지만 거 님들 쪽도 알게 모르게 다들 건너온 과정일 겁니다. 먼저 산 위에 올라가 있다고 밑에서 뛰어오는 사람들에게 너무 야박하게 굴지 말아주세요. 그냥 그저 자유가 좀 있음 좋겠다, 가슴이 좀 편했으면 좋겠다는 거지, 그렇다고 다들 벗고 다닐 것도 아니거든요. 그리고 노

74

브라가 무슨 대량 살상 위험이 있는 흉악 범죄도 아니잖아요.

그런데 수유 얘기하다 왜 갑자기 가슴 해방 운동의 역사냐고. 꼭 관련성이 없는 것도 아닌 게, 미국에서는 2018년에 이르러서야 겨우 모든 주에서 공공장소에서의 모유수유가 위법행위라는 오명을 벗게 되었다. 그 전엔 외설 혐의로 신고되거나 벌금을 받을 수

위.
1936년 이전에 남성들이
입어야 했던 수영복

아래.
공공장소에서 가슴을 노출할 수 있는
권리를 얻은 남성들

있었단 얘기다. 아직도 모유수유 외의 가슴 노출을 처벌하는 주는 많은데, 예를 들어 루이지애나주에서는 여성들이 공공장소에서 가슴을 노출하는 경우 초범이 3년의 징역, 2,500달러의 벌금을 받을 수 있다. 가슴 노출 초범이라니 왠지 웃기기도 하지만, 아무튼 법이 저래 놓으면 아무래도 굉장히 위축되기 마련. 그래서 모유수유를 하는 여성들은 수유실이 확보되지 않으면 집 밖에서 긴 시간 있을 수 없고 구석으로, 화장실로 숨어들어야 했다. 물론 수유 커버라는 좋은 도구가 있다. 하지만 커버를 하든 뭘 하든 기본적으로 공공장소에서의 수유 자체를 반사회적 행위로 보는 것, 아기와 엄마가 숨어들도록 하는 것은 좀 생각해 볼 일이다.

참고로 '모유수유의 역사와 문화History and culture of breastfeeding'라는 제목의 위키피디아 페이지에는 신기하게도 길바닥에 서서 가슴 한쪽을 내놓고 뭔가 놀라운 자세로 수유를 하는 20세기 초 서울의 한국 여성들 사진이 가장 먼저 보인다. 젊은 사람들이라면 누가 봐도 깜짝 놀랄 모습인데, 백 년 전만 해도 지극히 자연스러웠던 모습이었나 보다. 지금 저렇게 하자는 것도 아니고, 나보고 저렇게 하라면 나도 못한다. 왠지 힘도 엄청나게 세야 할 것 같은 자세다. 나는 단지 그만큼 사람들의 생각과 문화가 확확 바뀌어왔고, 우리가 현재 가진 생각들이 불변의 진리로 천년만년 이어온 게 아니라는 사실을 얘기하고 싶을 뿐이다. 그러니 모두 내 생각만 고집하며 상대를 비난하지 말고, 조금만 더 유연했으면.

현재 우리나라에서 여성의 모유수유로 인한 노출은 처벌 대상이 아니다. 게다가 우리 헌법재판소는 경범죄처벌법상 과다 노출에 관한 판결에서, "문제가 된 조항(경범죄처벌법 제3조 제1항 제33호)은 '선량한 성도덕과 성 풍속'을 보호하기 위한 규정인데, 이러한 성도덕과 성 풍속이 무엇인지 대단히 불분명하다"고 밝힌 바 있다. 또 "과거 금기시되던 신체 노출이 현재에는 유행의 일부로 받아들여지고 있고, 최근 약간의 부끄러움이나 불쾌감을 줄 수 있는 노출 행위도 개인적 취향이나 개성의 문제, 또는 사상이나 의견 표명의 수단으로 인식되고 있다"며 해당 조항이 죄형법정주의의 명확

20세기 초, 서울 거리에서
수유 중인 두 여성

성 원칙에 위배된다고 판시했다(헌법재판소 2016.11.24. 2016헌가3).

1961년 5월 23일, 즉 5·16 군사쿠데타 이후 일주일이 되던 날, 47명의 남녀 '댄스광狂'이 대낮에 비밀 댄스홀에서 춤췄다고 붙잡혀 그중 45명이 실형을 선고받았다. 미풍양속을 해친다는 것이었다. 분명히 옷도 다 입고 춤췄을 텐데. 50여 년 후 헌법재판소는 일광욕을 위해 상의를 탈의했던 사람의 편을 들어주었다. 이렇게 세상은 변하고 있다.

얘기가 슬그머니 옆으로 샌 감은 있지만 이 글의 제목, '나는 가슴이 달린 채 존재한다. 고로?'에 대한 나의 대답은 "응. 그래서 그게 뭐"이다. '고로…'가 아닌 이유, 즉 '고로?'라고 끝에 물음표를 단이유가 거기에 있다. 가슴이 달렸든 달리지 않았든, 거기에서 뭐가 나오든 안 나오든, 저 아이는 내 아이다. 나는 가슴이 달렸고, 거기에서 제법 뭐가 나오는 편이었고, 그래서 이런저런 경험을 했고, 그래서 이 글을 쓰는 중이다. 가슴이 꽤 있는 편인데 모유가 거의 안 나오더라는 후배 H는 "언니, 나는 이거 그냥 디스플레이용인가 봐"라는 유쾌한 명언을 남겼다. 가슴이 달렸기 때문에 누군가 나에게 무조건 최선을 다해 희생적으로 수유하라고 했으면 나는 아마 공손한 얼굴로 한껏 비뚤어졌을 것이다. 가슴이 달렸다고 해서 엄마만 죽으란 법 있나.

나 스스로 내린 결정이었고, 힘들 때도 많았지만 별 후회는 없다. 인생살이가 그렇듯, 어떤 결정에 냅다 좋은 점만 있기도, 딱히 나쁜 점만 있기도 어렵지 않은가.

가슴 달린 자의 행복

○

이제 그 결정으로 맛본 경험 중 좋았던 것, 즐거웠던 것들을 조금 꺼내보고 마무리할까 한다.

사실 익숙해지면 모유가 편하긴 하다. 귀찮기 그지없는 젖병 소독, 정량 맞춰 분유 타기 (및 유혹을 이기지 못하고 분유 퍼먹기), 아기 입이 데지 않도록 적절하고 따뜻한 온도 맞추기, 외출할 때마다 보온병부터 시작해서 한 보따리 챙겨 나가기, 이런 모든 귀찮음이 사라지고 위풍당당하게 가슴만 꺼내면 되니까. 그리고 지금 생각해 보니 분유가 좀 비싼 편이었던 것 같기도 하다. 그래서인지 미국 슈퍼에는 분유가 진열대에 있는 게 아니라 직원이 열쇠로 잠글 수 있는 유리장 안에 따로 보관된 경우가 제법 많았다. 분유를 적게 사도 된다는 건 형편이 그리 넉넉지 않았던 학생 부부에게 꽤 고마운 일이기도 했다. 내 경우에는 수유가 임신 기간 동안 붙은 살을 빼는 데도 큰 도움이 됐다. 도움이 된 정도가 아니라 중학교 이후 보지 못했던 숫자를 체중계에서 보고, 내가 혹시 죽을병에 걸린 건 아닐까 살짝 걱정하기도 했다.

재미있는 사실이 있는데, 모유는 엄마의 식사 메뉴에 따라 맛과 향이 조금씩 달라진다고 한다. 음식에 간장 베이스가 많은 동양인들은 달고 짭조름하다나. 모유수유를 하는 엄마들이 맵고 짠 자극적인 음식을 피하는 것은 그런 이유도 있다. 이 연구를 내놓은 연구진에 따르면, 모유를 통해 새로운 맛을 받아들이게 된 아기들은 이후 젖을 떼었을 때도 고형 음식의 새로운 맛과 변화에 잘 대비할 수 있었다. 모유 유일 신앙을 가진 자들은 이런 점 때문에 모유를 먹이면 아기들이 다양한 맛을 접해 두뇌 발달에 도움이 된다는 면을 부르짖기도 한다. 하지만 두뇌 발달이고 나발이고 이왕 먹는 거, 매일 새로운 맛을 보여주면 아기도 좋아하지 않을까? 그래서 나는 내가 좋아하는 음식들을 아이와 함께 먹는다는 생각으로 즐겁게 임했다. 슬금슬금 살짝 매운맛도 보여줘 가면서.

아이들도 모유를 좋아했다. 특히 둘째가 그랬다. 쇼핑몰 같은 곳에 나갈 때는 나도 쇼핑을 하고 싶으니 분유를 챙겨 가기도 했는데 입에 젖병을 물리면 퉤, 하고 뱉으면서 '에미야, 이런 거 말고 집밥이 먹고 싶구나' 하는 눈빛으로 엄마를 쳐다볼 때가 종종 있었다. 말을 하고 나서는 "맛있어-" 하며 웃기도 했다.

엄마 가슴은 아기가 좋아하는 장난감이기도 하다. 사실 공갈 젖꼭지를 개발한 사람에게 노벨평화상을 줘야 한다는 게 큰언니의 지론이었다. 호빵을 닮은 조카는 입 주위에 늘 커다란 하트 모양의 자국을 새겨 이모에게 사랑을 표시하곤 했다. 근데 왜 우리 애들은 이 눈부신 평화의 메신저를 거부하는 걸까. 첫째는 혼자 잘 때가 아니면 찾지 않았고, 둘째는 진품(…)이 아니면 입에 넣지 않았다. 내 평소 당신을 그렇게 안 봤는데 대체 왜 이따위 물건을 내 입에 넣는 거냐는 표정으로 나를 쳐다봤다. 공갈 젖꼭지를 물려놓고 나의 평화를 찾고 싶기도 했지만, 배부르게 먹고 나서 엄마 가슴에서 숨바꼭질하고 노는 아이의 모습을 보는 것은 즐거웠다. 내 몸을 내어주는 대가로 이런 귀여움을 보는 건 나쁘지 않았다. 행복했다.

그렇다. 피곤하고 아팠지만 수유는 나름 행복한 경험이었다. 작은 손으로 엄마 젖을 끌어당기고 고개를 야무지게 흔들며 젖을 찾는 모습도 귀엽고, 자는 것 같아 살짝 빼면 자면서 입을 계속 조그맣게 오물오물하는 모습도 너무 귀여웠다. 사실 수유를 하고 있을 때, 내가 이 아이의 엄마라는 사실이 가장 실감 났다. 그 순간만큼은 첫째도 나에게 치대지 못했고, 나는 그 고요한 순간을 틈타 꾸벅꾸벅 달게 낮잠을 자기도 했다. 수액이 차 흐르는 나무, 고요한 강, 세상 만물과 연결된 느낌, 모두 가슴 벅차게 느낄 수 있었다. 다시 한번 말하지만, 물론 모든 게 다 익숙해지고 났을 때의 일이다.

그렇게 가슴 달린 자는 힘들었고, 행복했다.

엄마의 몸,
엄마의 삶

: 아리스토텔레스의 노예론이 서글프던 시간들

생각해 보자. 하고 싶은 일은 따로 있었지만 어떤 일을 맡게 되었다. 이 일은 출근 시간, 퇴근 시간 따로 없이 종일 이어진다. 월차도 휴가도 기본적으로 쓸 수 없다. 일은 고되다. 하루 종일 머리채를 잡힌 채 사는 느낌이다. 그런데 돈은 못 받는다. 사람들은 이 일을 직업이라고 부르지도 않는다. 세상 사람들은 이 일을 전적으로 맡으면 전적으로 맡았다고 난리, 안 맡으면 안 맡는다고 난리다.

이런 망할. 뭐 이런 게 다 있어.

엄마의 손, 엄마의 몸

○

나는 손이 늙었다. 요리, 바느질, 그림, 만들기 등 손으로 하는 온갖 것들을 좋아하는 데다 약간 강박적으로 손을 씻는 습관이 있기 때문이다. 그런데 엄마가 되고 나서는 손이 광속으로 늙고 있다. 남편이 최근에 내 손을 보고 당황한 적이 있다. 그가 당황해서 나도 당황했다.

특히 아기가 슬금슬금 기기 시작하고 고형식을 시작하면서 나는 정말 손에 물 마를 새 없이 씻고, 닦고, 빨았다. 토해서 갈아입히고, 응가해서 갈아입히고, 소매에 침이 푹 젖어서 갈아입히고, 아기가 내 옷에 토해서 내가 갈아입고의 무한 사이클을 니체의 영원회귀처럼 반복했다. 둘째가 엎지른 물을 닦다가 냄새를 감지한 후 녀석이 싸놓은 응가를 치우고 돌아서면 첫째가 옷에 밥을 싸놓는 이 뫼비우스의 띠. 시지프스가 되어 언덕 양쪽에서 울고 있는 두 아이 사이를 쉼 없이 오가는 느낌이었다.

아이들은 엄마를 거대한 수건으로 생각하는지 모든 걸 엄마에게 닦는다. 뭘 닦는지는 차마 일일이 열거하고 싶지 않다. 비슷한 연령대의 아이를 키우는 후배 J는 "하루가 지날 즈음 아직 세수도 양치도 못했는데 온갖 오물을 뒤집어쓰고 있는 나를 본다"며 나의 하소연에 응답했고, 육아 선배들은 그래도 지나고 나면 몸이 힘들 때가 그리울 거라고 했다. 지금은 삭신이 쑤시겠지만 나중엔 가슴이 쑤신다고.

　아기를 낳은 엄마는 몸이 약해진다. 아기를 낳은 탓도 있지만, 아기를 돌보느라 더 그렇다. 운동할 짬도 없고, 잠은 부족하고, 밥은 코로 먹어야 한다(아기 엄마들은 그 어려운 걸 해내지 말입니다). 게다가 나는 수술로 두 아이를 낳았다. 가른 곳을 또 갈랐다. 자연분만이 일시불이라면 제왕절개는 할부의 느낌이라고 했던가. 실은 나는 애 낳고 회복하는 게 체질인가 싶을 정도로 회복이 빨랐다. 화장실 가기와 걷기 등 단시간에 모든 미션을 클리어하고 간호사에게 슈퍼스타라는 말과 함께 하이파이브를 받은 나였건만, 살다 보니 수술한 곳은 두고두고 조금씩 아팠다. 날이 궂으면 쑤시기도 하고, 코어 운동을 좀 해보겠다고 하다가 냅다 통증이 오기도 했다(사람이 안 하던 짓을 하면 벌을 받는다). 수술 자국은 처음엔 매끈했지만 내 피부가 좀 특이한 체질이라 1, 2년이 지나면서 아프게 살살 부어올랐고, 사정 봐주지 않는 아이들이 온몸을 내던져 배 위에 올라타면 이렇게 나는 배가 터져 죽는 건가 싶었다.

　퇴원 후 먼저 다리와 발이 퉁퉁 붓기 시작했는데 아주 가관이었다. 눈이 불편하신 분을 앉혀놓고 내 다리를 만져보게 했으면 자신 있게 이건 코끼리라고 말했을 거다. 발은 출산 후 3일쯤부터 붓기 시작했는데, 대체로 제왕절개 산모가 자연분만 산모보다 훨씬 더 많이 붓는다고 한다. 가만히 있어도 아프고 굉장히 불편했다.

쪼그려 앉는 게 불가능했고, 발을 바닥에 디디면 저릿저릿 발이 아팠다. 온라인 쇼핑몰에서 한 치수 크게 잘못 산, 그래서 임신 기간 내내 편하게 신었던 앵클부츠도 안 들어가서 신을 수 있는 신발이 없을 정도였다.

한 달쯤 지나자 발의 부기가 서서히 빠지고 괜찮아졌지만, 그 한 달 동안 이번엔 무릎이 나갔다. 퇴원할 때 의사가 당분간 계단은 오르내리지 말라고 했었다. 하지만 1층에 부엌이, 2층에 침실과 욕실이, 지하에 세탁실이 있는 집 구조상 계단을 오르내리지 않고 살 재간이 없었다. 게다가 첫째는 아직 아가였다. 엄마가 안아주는 게 무엇보다 좋은 아가. 앉아서 안아주려고도 해봤지만, 아이는 꼭 엄마 품의 포근함에 그 재미있는 높이감이 곁들여져야만 만족했다. 산후 검진 때 다시 만난 다정한 미국인 의사는 무릎이 시리다는 나의 말을 도저히 이해하지 못했다. 정 무릎이 아프면 아이스팩을 대보라는 조언에 내 무릎이 다 시무룩해질 지경이었다.

그리고 드디어 대탈모 시대의 찬란한 막이 올랐다. 원래 머리카락은 하루에 50개에서 60개 정도 빠지는 게 정상. 그런데 임신 중에는 머리가 잘 빠지지 않고 있다가 출산 후 호르몬 수치가 제자리로 돌아가면서 놀랄 만한 대규모 탈모 사태가 야기된다. 내 머리는 봄날 벚꽃잎처럼 흩날리기 시작했고, 아이가 돌이 될 무렵 나는 이상한 이마 라인을 가진 잔디인형이 되었다. 평소 감기도 잘 안 걸리는 건강 체질이었는데, 엄마가 되고 나서 정말 많이 약해졌다.

약해진 몸으로 계속 피곤하게 살아야 하기 때문이었을 것이다.

내 인생의 특이점

○

여자가 엄마가 된다는 건, 일종의 특이점 같은 거라고 생각한다. 물리학에서는 특이점이란 것을 지나면 그 이전과 이후의 성질이 같지 않다고 한다. 마치 빅뱅 이전과 이후가 전혀 달라지는 것처럼. 엄마가 되는 일 역시 내 삶의 성질이 완전히 바뀌는 일이었다. 성질이 바뀌기 때문에, 특이점이 오면 그 이후를 예측하기 어렵다고 한다. 출산이라는 특이점을 지나, 내 삶은 그렇게 예측하기 힘들었다.

사진 속의 내가 너무 낯설어 크게 당황했던 적이 있다.

한 소셜 미디어 서비스가 툭 던져준 5년 전의 나.

사진 속의 나는 긴 웨이브 머리에 일자로 붙는 스커트, 블라우스를 입고 힐을 신었으며 파란색 백을 어깨에 메고 금속 재질의 커다란 팔찌를 하고 있었다. 거울을 보았다. 거울 속의 나는 짧은 머리를 아무렇게나 질끈 묶고 아이들이 만든 얼룩이 여기저기 묻은, 곧 버려도 하나도 아깝지 않을 수유복에 액세서리라곤 도저히 할 엄두를 못 내는 상태였다. 들고 다니는 백? 4년째 커다란 기저귀 가방만 들고 다녔다. 그것도 때가 탈까 싶어 검은색으로 고른.

저게 불과 5년 전이란 말이지. 저때 내가 무슨 생각을 하고, 무슨 일에 즐거워하고, 무슨 일에 골몰했었더라. 다시 힐을 신으라면 솔직히 못 신을 것 같았다. 그저 엄마가 되었을 뿐인데, 마티스의 그림같이 영롱하고 신선한 색깔의 날개를 가졌던 나비는 다시 집 안에만 들어앉은 칙칙한 번데기가 되어 있었다.

아이가 없었던 삶. 그게 어땠었는지 아득하기만 하고 잘 기억이 나지 않았다. 다시는 건널 수 없는 강을 건너온 것처럼, 지나온 그 강둑에 무슨 꽃이 피었었는지, 어떤 바람이 불었었고 흙냄새는 어땠었는지 너무 아득해 기억도 잘 나지 않았다.

첫째는 아직 기저귀를 떼지 못한 미운 세 살, 둘째는 자유를 찾아 스스로 위험하게 움직이기 시작했던 한 살 무렵, 그 황금의 콤비네이션이 가장 힘들었던 것 같다. 하루 종일 똥오줌 못 가리는 두 작은 인간의 먹을 것과 입을 것을 챙기고 그들의 요구에 반응하며 그들을 씻기고 그들의 오물을 처리하는 것은 정말 만만치 않은 일이었다. 나도 먹고 입고 씻어야 했지만 나의 욕구는 저만치 뒤로 물릴 수밖에 없었다. 어른과 아이가 먹을 음식과 이유식을 각각 따로 해서 세 가지 버전의 식사를 마련하고, 아가들이 위험한 일을 하는 건 아닌지 종일 신경을 곤두세우며 청소와 빨래 등의 집안일까지 클리어하려면 엄마는 슈퍼 철인이 되어야 했다. 하루 종일 화장실도 내 마음대로 못 가고 시계를 몇 번이고 보며 남편이 오기만을 기다렸다. 그의 귀가가 5분이라도 늦어지면, 똑같이 흐르는 시간인데도 그때부터 왠지 곱절로 힘들게 느껴졌다.

속 깊고 다정한 친구들이 뭐 필요한 거 없냐고 물어보면 '우리 엄마'라고 답했다. 엄마가 곁에 있었으면 좋겠고, 많이 보고 싶었다. 하지만 엄마랑은 그저 "나도 엄마가 됐어요" 하고 같은 공간에서 이런저런 얘기를 나누고 싶었을 뿐이다. 엄마는 워낙에 나이가 많으시니, 그보단 그냥 내가 하나 더 있었음 싶었다. 안 그래도 후드득 떨어지는 머리털로 손오공 분신술을 시전할 수 있으면 얼마나 좋을까. 이런 탈모의 기세라면 온 집 안이 나로 가득 찰 텐데.

한창 힘들 때는 하루가 어서 지나가기만을 바라며 시계를 봤다. 살았다기보다는 버텼다. 정말 힘들 땐 진짜로 두 주먹을 쥐고 신음을 참으며 애를 쓰기도 했다. 하루를 마치고 자리에 누울 때가 제일 달콤했다. 오늘 하루도 어떻게 넘겼구나, 하는 안도감. 나는 달걀 껍데기 같았다. 나에게서 나온 달걀은 부화해서 귀엽고 토실토실한 병아리로 삐약삐약 크고 있지만, 나는 속이 텅 비고 여기저기 금이 간 채 껍데기만 나뒹구는 느낌이었다.

운동할 짬이 안 나고 내 몸을 돌볼 겨를이 없으니 몸의 근육들도 풀어지지만, 생각의 근육들 역시 급격하게 허물어지는 느낌이었다. 종일 집 안에서 말 못 하는 첫째와 외계어에 능통한 둘째를 상대하며 함께 외계어를 구사하다 보면, 어른의 언어와 어른의 대화가 너무 그리웠다. 유학생들의 삶이란 유목민 같은 것이어서 늘 헤어짐을 염두에 두어야 했기에 지란지교에 대한 갈급은 늘 있었지만, 이때는 그냥 사람 자체에 대한 갈증이 컸다. 사람을 만나고 싶었다. 공부하고 글 쓰고 싶었다. 점점 무뎌지는 펜 끝을 날카롭게는 못 하더라도 녹슬기 전에 부드럽게 유지는 하고 싶었다. 하지만 애써 잠깐씩 짬을 낸다고는 해도 어림없었다. 출산과 육아라는 인생의 특이점은 그렇게 나의 외면뿐 아니라 내면의 성질도 바꿔 점차 내 본질마저 슬금슬금 건드리는 것 같았다.

현대의 노예는 사유할 시간이 없다

○

매일매일 집안일에 시달리며 그렇게 하루하루 버티다 보니, 아리스토텔레스가 말한 노예들 생각이 났다. 아리스토텔레스의 노예에 관한 이야기는 지금도 굉장히 논쟁이 많은 부분이다. 이걸 내 상황에 갖다 붙이는 것 역시, 지금 글을 쓰면서도 내 머릿속이 시끄럽다.

아리스토텔레스는 노예를 두 가지 관점에서 보았다. 하나는 자산, 다른 하나는 도구. 노예를 주인의 자산으로 보는 것은 꽤 익숙한 관점이고, 주목해야 할 부분은 도구다. 그는 노예를, 집 안에서 인간들이 먹고 입고 살아가는 데 필요한 일들을 가능케 하는 살아 있는 도구organon로 보았다. 사람들이 그저 '사는living' 게 아니라 '잘 살도록living well' 하는데 필요한 도구.

인간의 생존에 필요한 일들은 많다. 하지만 시간과 노력이 많이 소비된다. 예를 들어 당시에는 지금처럼 옷감이 대량 생산되지 않았으니 천을 짜고 옷을 만들어야 했는데, 이는 엄청난 시간이 드는 일이었다. 이런 일들만 하고 앉아 있으면 그리스가 사랑하는 민주주의를 하러, 즉 다른 시민들을 만나 공동체에 대한 토론을 하러 아고라에 나갈 시간이 없다. 이런 일들을 맡아 집에서 노동을 해 주는 이들이 노예다. 거칠게 말하자면, 집에서 이런 노동을 담당해 주는 노예들이 있기에 시민들은 자유를 가지고 공적 토론의 장에 나가 의미 있는 행위를 할 수 있었던 것이다.

이런 일들을 그저 계약에 의해 한다면 크게 논쟁이 될 이유는 없다. 자신의 의사에 따라 얼마든지 그 관계를 끝낼 수 있기 때문이다. 하지만 노예는 그렇지 못하다. 아리스토텔레스가 살았던 당시의 그리스에는 노예들이 많았고, 과연 한 인간이 다른 인간을 평생 노예로 쓰는 것이 정당한 것인가에 대한 논쟁은 당시에도 뜨거웠다. 여기에다 대고 아리스토텔레스는 태생적으로 노예에 적합한 자들이 있다는, 입이 떡 벌어져서 떡 넣고 다시 닫아야 할 것 같은 주장을 펼쳤다.

아리스토텔레스에 따르면 태생적으로 노예에 적합한 자들의 특징은 덕이 없고, 이성적 능력이 충분히 발달하지 못했다는 것. 아리스토텔레스는 이렇게 이성적 능력이 충분히 발달되지 못한

자들은 다른 이들의 지도와 보호 아래 있는 것이 낫다고 생각했다. 반면에 덕이 있고, 자신을 컨트롤할 수 있으며, 사유하는 능력이 충분히 발달된 자들, 그래서 자기 자신과 타인, 나아가 사회에 관해 결정할 능력이 있는 자들은 태생적으로 주인이 어울리는 자들이라고 생각했다. 여기까지만 해도 충분히 논쟁적인데, 여기에다 한 마디 더 얹는다. '여성과 노예는 본질적으로 시민이 되기에 적절치 않다'고. (아니, 뭐라고요. 이봐요 할아버지, 내 당신을 그렇게 안 봤는데.)

물론 기원전 삼사백 년 시대의 사람이 오늘날의 우리와 같은 가치관을 가질 거라는 것 자체가 소크라테스가 아이폰으로 비트 틀어놓고 힙합 하는 소리긴 하다.

한데.

평소에 저 부분을 읽을 땐 나름 명랑하게 코웃음을 쳤었다. 정치의 본질을 제대로 꿰뚫은 혜안을 가졌다고 생각해 아리스토텔레스를 정말 좋아하는 편인데, 저 부분과 인종주의적 시각만큼은 도저히 용서가 안 됐다. 여성과 남성의 능력을 동등하게 보는 것은 오히려 그의 스승인 플라톤 쪽이다. 그리고 플라톤은 국가에 의한 공동육아를 주장했으니, 여성의 능력과 육아는 플라톤에게도 뗄 수 없는 주제였나 보다. 어쨌든 기원전에 살던 귀족 할아버지에게 내가 너무 많은 걸 기대할 순 없지 하면서 그렇게 체념하며 넘기던 부분이었는데, 집에서 손발이 묶인 채 지내다 보니 저 말이 새삼 서글퍼졌다. 여성과 노예는 본질적으로 시민이 되기에 적절치 않다고? 전처럼 명랑하게 코웃음 치고 싶은데, 엄마가 되고 나니 저 말이 괜스레 마음 아프게 다가왔던 것이다.

엄마인 나는 사유할 능력이 없는 것인가, 아니면 사유할 시간이 없는 것인가. 시간이 없으니 가뜩이나 부족한 능력도 조금씩 없어지는 악순환. 우리 가족들이 잘 살도록living well 내 시간을 쏟아붓고 있는, 우리 집안의 생존에 필요한 도구. 그게 나였다.

엄마들에게 삶의 의미란

o

혼자 아이들을 돌봐야 하는 엄마들은 정말 힘들다.

2~3년을 매일같이 마음대로 화장실 갈 시간도 없이 퇴근이나 휴가도 없이 사는 삶, 그게 엄마의 삶이다. 내가 자꾸 엄마의 삶이라고 하는 건 이게 엄마들의 몫이어서가 아니다. 아직 우리 사회에서 대부분의 아빠는 이런 삶을 살지 않기 때문이다. 그 부분에 혹시라도 오해가 없기 바란다. 물론 이 시대의 아빠들이 이전 세대와는 다른 모습으로 살고 있으며, 그 부분에 기쁨과 희망을 느낀다는 점을 꼭 밝히고 싶다. 존경하고 싶은 다정한 아빠들이 세상에는 참 많다.

남편도 나름대로는 그런 아빠였기에, 나는 종일 시계를 보며 남편이 돌아올 시간만을 기다렸다. 그래야 내가 샤워라도 할 수 있고 화장실이라도 맘 편하게 갈 수 있었다. 비록 아가가 그 문 앞에서 눈물로 시위를 하더라도 밖에 누가 있는 것과 아무도 없는 것은 천지 차이니까.

하지만 엄마들을 가장 힘들게 하는 것은 사실 육아 자체보다는 그 너머에 있는 것 같다. 나의 이 정신-육체-감정 노동의 쓰나미가 그저 지나가는 일상일 뿐이라는 것. 이 어마어마하게 힘든 과정을 감내해도 사회적 인정이나, 승진이나, 연봉 인상 같은 게 나를 기다리지 않는다는 것. 오히려 그 반대라는 것. 이 시기를 지나면 달콤한 보상이라도 있어야 하는데, 내 아이가 건강하고 어여쁘게 자란다는 개인적인 보상 빼고는 오히려 사회적으로 내가 한없이 낮아지고 내 자리는 점점 없어지고 있다는 불안감. 아이는 정말 눈에 넣어도 안 아플 만큼 예쁘지만 내가 이 아이를 끌어안고 있는 동안 이 넓은 지구, 이 복잡한 사회에서 나만 혼자 집구석에서 도태되는 것 같은 느낌. 우리 집은 나 없이는 못 굴러가는데 이 세상은 나 없이도 더럽게 잘 굴러가고 있구나, 하는 씁쓸한 마음.

"너는 도대체 집에서 하는 게 뭐냐. 집에서 놀면서 애 하나 보는 게 그렇게 힘드냐." 혹은 "너는 배운 것 아깝게 그렇게 집에만 있을 거냐. 너한테 들어간 돈이 얼만데, 집에서 애나 보려고 그 공부를 한 거냐." 직접 들은 적은 없지만 그런 말들이 어디 방송에서라도 들려오면 나는 덩달아 슬펐다. 안 그래도 힘든 마음을 할퀴는 말들. "네 자식은 네가 키워야지, 그깟 거 얼마나 번다고 그렇게 애를 밖으로 내돌리니." 이런 말도 물론 동일하게 아플 거라는 것을 알고 있다. 세상엔 왜 이렇게 엄마들을 아프게 하는 말들이 많을까.

이렇게 엄마들의 마음이 슬퍼지는 것은, 온 에너지를 쏟아 이 사회의 소중한 구성원을 길러내도 사회가 그 행위에 그만큼의 가치를 부여해 주지 않기 때문이다. '경단녀'라는 단어는 공공문서에도 버젓이 등장한다고 들었다. 이는 우리 사회가 엄마라는 직업, 육아라는 노동을 경력으로 인정해 주지 않는다는 말이기도 하다. 많은 책임과 희생은 우선 엄마에게 지우면서, 그동안 우리 사회가 그 대가로 준 것이라곤 고작 립 서비스 정도였던 것이다. 어머니의 숭고한 희생, 아름다운 모성, 젖은 손이 애처로운 그분들. 시간이 지나 세상에 혐오의 정서가 강하게 서리면서, 이제 립 서비스는커녕 유아차를 끌고 나와 커피 한 잔 사 마신다는 이유로 엄마들은 벌레와 동급이 되기도 한다. 흥, 벌레는 커피콩은 갉아 먹어도 커피를 후룹후룹 마시진 못하거든요.

많은 엄마들이 사실 엄마의 이름으로만 사는 것을 힘들어한다. 엄마라는 것은 명예직일 뿐, 경력도 인정받지 못하고 독특한 가치를 인정받지도 못하기 때문에. 가장 중요하게는 돈도 못 번다. 세상 사람들이 보기엔 마땅한 직업 없이 집에서 노는 사람일 뿐이다. 놀다니, 내가 진짜 얼마나 놀고 싶은데. 아무렇지도 않은 척 스스로를 위로해 보고 매일매일이 행복한 척 스스로에게 거짓말도 해

보지만, 우리는 놀이터에서, 마트에서, 마음이 어딘가 멀리 나가 있는 것 같은 얼굴들을 만난다.

이런 상황에서 자신의 가치를 스스로 찾기 위해 필요 이상으로 아이에 집착하거나, 소셜 미디어에 집착하는 엄마들을 더러 본다. 그렇게라도 보상이, 칭찬이, 응원이 받고 싶은 것이다. 집에 처박힌 엄마들을 유일하게 바깥세상과 연결해 주는 것은 스마트폰이다. 그게, 배가 불러도 디저트 들어갈 구석은 있듯이 그렇게 바빠서 화장실 갈 틈은 없어도 인터넷 들어갈 틈은 있다. 남들 눈에는 다 똑같아 보이는 아이의 사진을 수십 장 올려놓고 누군가 건네주는 예쁘다 한마디에 '그래, 내가 이렇게 예쁜 아이를 키우고 있지' 하고 잠시나마 행복을 느끼고, 이유식 만드느라 난장판인 부엌 안에서 기적적으로 깨끗한 장소를 찾아 이유식 사진을 찰칵 찍어 올린 뒤 누군가 달아주는 "이런 걸 직접 만들어 먹이다니, 정말 대단해요" 한마디에 작은 힘을 낸다.

하지만 개운치 않다. 힘들다. 이런 자의 반 타의 반의, 아리스토텔레스적 노예 같은 생활을 어떻게 바꿀 수 있을까. 불평만 하기에는 내 삶이 아깝고 저런 작은 보상으로는 왠지 처량하다.

따뜻한 사람들의 연대

◦

사회가 바뀌고 제도가 바뀌어야 한다는 얘기를 장황하게 늘어
놓고 싶지는 않다. 너무나 정답인데 그 정답을 맞히기가 너무 어렵
기 때문에. 대신 나는 소소하게 '따뜻한 여성들의 연대', 나아가 '따
뜻한 사람들의 연대'가 우선 필요하다는 말을 하고 싶다. 예를 들
어, 그저 알고 지내는 것 자체가 나에게 축복인 후배 Y. 매력적인
사람들과 매력적인 일을 하고 있는, 한 회사의 대표다. 그녀는 자
기가 임신했을 때 비슷한 환경에서 일하고, 승진하고, 팀을 챙겨야
하는 직장 동료이자 선배 엄마들의 조언이 가장 도움이 되었다고
했다. 그녀의 표현에 따르면 "가장 필요한 정보를 공유하며 조용히
받쳐주던 그룹".

"(일하느라) 임신하고 잠 못 자면 애가 안 잔다더라", "그래도 애
는 엄마가 키워야지", "친정 엄마면 몰라도 어떻게 남의 손에 맡
겨?" 같은 말 대신 도우미 소개업체에 전화를 걸어주고 이모님과
같이 잘 지내는 팁을 알려주는 선배가 있었다는 것. 그게 무엇보다
고마웠다고 했다. 가치관과 제도의 개선, 정치적 변화라든가 행정
적 지원도 너무 중요하지만 실제 엄마들의 삶에 와 닿는 것들은 이
런 것들이다. 그녀는 '워킹맘'이라는 대분류로 대략 이런 게 필요
하겠지, 하고 만들어내는 듯한 지원은 안 반갑다고 했다. 어떤 '워
킹'을 하고 어떤 기준을 가진 '맘'인가에 따라 우리는 아주 많이 다

96

를 수 있기 때문에. '전업맘'도 마찬가지다. 어떤 라이프 스타일을 추구하고 어떤 가치관을 가진 '맘'인가에 따라 우리는 정말 많이 다를 수 있다.

따라서 따뜻한 마음을 가진 사람들이 각자의 자리에서 서로를 받쳐주며 함께 이루어내는 작은 변화들이 중요하다. 저렇게 필요한 정보를 공유하며 조용히 받쳐주는 그룹도 좋다. 활발하고 사교적인 성격이라면, 자기와 결이 맞는 사람들을 몇 명 네트워킹해서 소규모로 공동육아 모임 같은 것을 꾸려봐도 좋을 것이다. 친구들끼리 좋은 아빠가 되기 위한 온라인 독서모임을 만들고, 그걸 발전시켜 아이와 함께하는 '아빠 캠프'로 만들려는 멋진 움직임도 본 적 있다. 친하게 지내는 남자 후배들 몇은 그들만의 '아빠 어디 가' 프로그램을 정기적으로 진행한다고 한다. 아빠들도 아이들도 신나는 모임이라고 했고, 휴가를 받은 엄마들은 더 신난다고 했다. 그런 움직임들이 모이고 쌓이면, 사회의 그림이 조금씩 달라질 것이다. 게다가 그리스 시대의 노예들은 아고라에 나올 기회가 없었지만 우리에겐 스티브 잡스가 주고 간 아이폰이 있지 않은가.

아리스토텔레스는 다행히도 한계를 긋는 문장으로 노예제에 나름의 비판을 가한다. 노예가 되지 않아야 할 사람들이 강자들에 의해, 무력에 의해 노예가 되어 있는 상황을 비판하는 것. 자본주의 사회에서 약자가 아닌 사람을 찾기가 오히려 힘들긴 하지만, 노예가 되지 않아야 할 사람들이 사회적 관습에 의해 약자가 되어 노예와 비슷한 생활을 하고 있는 것에 대해 우리는 진지하게 고민해 볼 필요가 있다.

내가 이런 어쭙잖은 글을 쓰는 것도, 미약하나마 따뜻한 사람들의 연대에 힘이 되고 싶기 때문이다. 철학이란 건 늘 사회에 질문을 던지고 현상태를 뒤집어 왔던 학문이다. 내 글은 무거운 질문을 힘 있게 던지는 글은 못 되지만, 임신과 출산과 육아라는 주제에 대해 누군가에게 조그맣게라도 생각거리를 주고 1초라도 울림을 준다면 나중에 아리스토텔레스 할아버지한테 가서 자랑해야지.

따뜻한 사람들의 연대.
같이하고는 싶지만 뭔가 거창하고 복잡하게 들린다면, 일단 웃어주는 건
어떨까.

혼자서 한 살 반짜리 아이를 데리고 미국과 한국을 오가는 비행기를 탄 적이 있다. 어른도 지겨워 자리에서 벌떡 일어나 체조라도 하고 싶은 열두 시간의 비행이 조그만 아이에게는 얼마나 지루했을까. 얌전히 놀던 아이는 결국 비행기에서 문 열고 나가자고, 이루어질 수 없는 건의를 계속하다가 급기야 떼를 쓰기 시작했다. 황급히 아이를 안고 사람들이 없는 통로로 도망치려던 찰나, 근처의 노부부가 조그만 젤리 봉지를 손에 들고 말을 건넸다. 우는 아이들에게 주려고 비행기를 탈 땐 늘 작은 젤리 봉지들을 주머니에 챙기신다고 했다. 아이에게 젤리를 쥐여주고는 빙긋이 웃으시며 내게도 따뜻한 말 한마디를 건네주셨다. "It's all right. We've all been there(괜찮아요. 우리도 다 지나온 과정인걸요)."

아이에게 웃어주는 어른을 만나면, 불안한 엄마들의 마음에는 반짝이는 환한 불이 켜진다. 옆자리에서 칭얼대는 아이에게 호기심 어린 시선이나 짜증 섞인 시선 대신 조용히 배려를 담은 미소를 보내는 것. 이 미소들이 쌓이면 그 문화는, 그 사회는, 반드시 조금씩 변하고 마는 것이다.

혹시 그래도 지금의 순간들이 너무나 힘든 엄마들이 있다면, 이 말이 작은 위로가 되기를 바란다. 한때 나를 그토록 힘들게 했던 우리 두 꼬마들은 이제 엄마가 바쁠 때 풍선 하나만 후욱 불어줘도 둘이서 한참을 낄낄거리며 놀 정도로 컸다는 것. 시간은 결국 우호적으로 흐른다는 것.

다시 좋은 날은 오더이다. 조금만 힘내세요. 그 길에 많은 사람들이 따뜻한 마음을 얹어줄 겁니다. 먼저 지나갔다고 토끼처럼 드러누워 낮잠 자지 않고 작은 목소리, 응원의 미소, 더 낫게 만들 궁리, 이런 것들을 길 위에 끊임없이 얹을 거예요. 이 글도 그 길에 얹는 작은 돌이 되기를 바랍니다.

아이를 사랑하기,
남편을 사랑하기

: 부부의 세계에는 장자가 필요하다

첫째를 낳고 얼마 안 지난 어느 날. 남편이 말했다.

"당신이랑 아가랑 똑같이 생겼는데, 아가 얼굴 보다가 당신 얼굴 보니까 거인 같아."

허허. 누가 할 소리. 남편이랑 비슷하게 생겼는데 눈도 코도 입도 훨씬 작아서 너무나 앙증맞고 예쁜 인간이 내 앞에 있다. 그 귀여운 사이즈에 익숙해져 있다가 남편의 커다란 얼굴이 갑자기 내 눈앞에 확 들이닥칠 때면 나는 남몰래 화들짝 놀라곤 했다. (남몰래 놀라는 것이 중요하다.) 그간 남편을 볼 때 내 눈에 씌었던 콩깍지는 어느샌가 사라지고, 아이를 보는 눈에 찰떡처럼 들러붙어 있었다.

제 성격으로 말할 것 같으면

○

나는 남이 힘든 꼴을 잘 못 보는 성격이다. 그래서 대체로 양보하고, 남을 시키기보단 내 몸을 부지런히 움직이며 살았다. 착해서 그런 게 아니라 습관 같은 거였다. 그렇게 하지 않으면 내 마음이 괴롭고 불편했다. 엄마가 그런 성격이셔서 그냥 그렇게 보고 자란 것 같다. 내 일이 많더라도 남이 부탁한 일부터 얼른 끝내야 홀가분히 내 일을 시작할 수 있는, 실로 비생산적인 마인드를 가졌다. 누가 도움을 청하면 쪼르르 달려나가 오지랖을 좌르르 펼쳐대는 나를 보고, 애가 진득하게 앉아 자기 공부를 할 성격이 못 된다며 지도교수님은 늘 안타까워하셨다. 아이를 키우며 이제는 남에게 뭔가 시키고 부탁하는 일에도 많이 익숙해졌지만, 어쨌든 그동안은 나를 뒤로 물리고 끊임없이 스스로를 부리며 살아왔다.

나와 남편은 비슷한 점이 많지만 다른 점도 많다. 그중 하나는 설거지 거리를 견디는 능력이다. 나는 씻어야 할 그릇이 쌓여 있는 꼴을 보면 가슴에 뭔가 얹히는 느낌이고, 남편은 먹자마자 고무장갑을 끼는 내 꼴을 보면 먹은 게 가슴에 얹히는 성격이다. 남편은 하루쯤 청소기를 돌리지 않아도 먼지가 그다지 눈에 보이지 않는 사람이고, 나는 시력이 동태급임에도 불구하고 청소기를 돌리지 않으면 하루 종일 그 사실이 명치 끝에 걸리는 인간이다.

내 성격이지만 참 도움 안 되는 성격이다. 상대가 도와줄 마음이 있어도 그 사람이 움직이기 전에 내가 발발거리며 움직여 버리기 때문이다. 그리고 때론 다른 사람을 불편하게 만드는 성격이다. 잘 알고 있다. 석사 시절, 벌떡 일어나 연구실을 청소할 때마다 당신 도대체 왜 그러는 거냐며 읽던 책을 덮고 체념한 얼굴로 일어나 물걸레를 가져오던 같은 방 동갑내기 친구의 얼굴이 떠오른다. 그래도 늘 허허 웃던 따뜻한 그는 목사님이 되었다.

이 성격은 아이가 생기기 전에는 큰 문제가 되지 않았다. 그냥 이제껏 살아온 것처럼 내가 좀 움직이면 되는 거였다. 나는 미션이 하나씩 클리어되는 그 느낌을 굉장히 좋아한다. 그런데 아이가 태어나고 내가 해야 할 일들이 기하급수적으로 많아지자, 나의 이 성격은 언제 터질지 모르는 폭탄처럼 조용히 폭발의 에너지를 쌓아가기 시작했다. 미션은 해도 해도 끝이 보이지 않았다.

보이는 일마다 내 일이라는 생각이 자연스럽게 드는 인간, 그리고 그걸 빨리 끝내지 않으면 왠지 마음이 힘든 종류의 인간은, 아이를 낳고 나서 과로로 죽기 딱 좋다. 남편에게 도움을 청할 때마다 내 성격 때문에 조금씩 미안했다. '아니 왜 미안해. 같이 키우는 건데!'라고 스스로 생각은 하지만 시킬 땐 나도 모르게 미안해지는 이 망할 놈의 성격. 시키지 않아도 알아서 해주면 고맙겠지만, 남편이라는 분들이 원래 모든 일을 마음에 들게 잘 알아서 해주는 그런 분들이 아니시다. 일단 집 안 어디에 뭐가 있는지 잘 모르시고, 알려줘도 다음 날 또 물어보신다. 나도 내 선에서 최대한 도움을 청했고 남편은 정말 열심히 함께 헤쳐나가려고 잠도 못 자고 노력했지만, 나는 못난 성격 때문에 스스로를 못살게 굴고 있었다. 나는 점점 지쳐갔다.

셋이 된다는 것

○

둘이 있을 때는 하루하루가 평화롭고 행복했다. 셋이 있으면 더 행복할 거라고 생각했다. 처음에는 그랬다. 우리에게 온 이 작은 생명체가 너무나 귀여워서 집 안에 반짝거리는 행복의 입자가 떠다니는 것 같았다. 우리는 시간 가는 줄 모르고 아기의 얼굴을 들여다보았다.

그런데 시간이 지날수록 그게 아니었다. 셋이 된다는 것. 세 꼭짓점이 있어서 삼각형처럼 안정된 형태가 되는 것이 아니라, 두 개의 추가 기분 좋은 균형을 유지하던 저울에 하나의 추가 더해짐으로써 심하게 기울어버린 형태가 되고 있었다. 나는 아기에게 내 온 에너지를 쏟았고, 그래서 피곤했고, 남편은 그런 나에게 서운했고, 역시 피곤했다. 남편은 내가 이제 더 이상 자기를 챙겨주지 않는다며 섭섭해했다.

나는 섭섭했다. 이 전쟁 같은 나날들에 남편은 나를 도와주어야 할 유일한 어른이지, 내가 이 부족한 에너지로 챙겨줘야 할 또 다른 존재라고는 생각해 보지 않았기에. 남편도 섭섭했다. 챙겨달라는 것은 뭘 해달라는 게 아니라 아기 얼굴만 보지 말고 자기 얼굴도 좀 보아달라는 뜻이었는데. 그가 원했던 것은 그저 관심을 조금 주는 것뿐이었다. 집에 돌아왔을 때 폭발할 것 같은 얼굴로 아이만 넘겨주고 "잠시만 쉴게" 하고는 방에 횡하니 들어가 눕지 않기를 바랐던 것이었다.

주변 사람들이 '실과 바늘'이라고 부르던 사이좋은 우리는 그렇게 서서히 멀어졌다. 니체는 결혼 생활을 긴 대화라고 했는데 우리는 짧은 대화마저 잘 나누지 못하고 있었다. (하지만 그 대화의 단절 역시 니체가 말한 긴 대화의 일부분임을 잘 알고 있다.) 집 안에는 꽉 차 있던 행복의 입자 대신 피로와 무기력과 서운함이 조용히 떠돌았다.

바닷새 이야기

o

당시엔 몰랐지만 지금은 안다. 나는 풀을 먹고 싶어 하는 소에게 고기를 대접한 사자였다는 것을. 정성을 다해 만든 수프를, 목이 긴 호리병에 담아 여우에게 준 두루미였던 것이다. 그가 원했던 건 집 안이 좀 어질러져 있어도 좋고 먹을 게 없어 라면을 끓여 먹어도 좋으니, 내가 눈을 들어 그의 눈을 보아주는 것이었다. 얼굴을 보고 웃어주고 관심을 가져주고, 그러고 나서 뭘 좀 해달라고 말하면, 그는 너무나 기쁜 마음으로 해줄 참이었다.

나는 그걸 몰랐다. 아기를 데리고 몸이 부서져라 집을 깨끗이 치우고 하나라도 따끈한 메뉴를 해놓는 것, 그게 내 사랑의 표현 방법이었다. 내가 조금이라도 일을 더 해놓으면 남편이 돌아와서 할 일이 줄어드니 그게 상대를 위하는 방법이라고 생각했다. 몸이 피곤하니 얼굴이 다정할 리가 없었다. 챙겨달라니, 여기서 어떻게 뭘 더. 나는 힘든 와중에 최선을 다해 따끈한 저녁도 해놓고 입을 옷들도 깨끗이 갈무리해 놓는데 나에게 왜 그러는지 알 수가 없었다.

나중에 알았다. 나는 노나라 임금이었다는 걸.

《장자》의 〈지락至樂〉 편에 바닷새 이야기가 하나 있다.

바닷새가 노나라 서울 밖에 날아와 앉았다. 노나라 임금은 이 새를 친히 종묘 안으로 데리고 와 술을 권하고, 아름다운 궁궐의 음악을 연주해 주고, 소와 돼지, 양을 잡아 대접하였다. 그러나 새는 어리둥절해하고 슬퍼하기만 할 뿐, 고기 한 점 먹지 않고 술도 한 잔 마시지 않은 채 사흘 만에 결국 죽어버리고 말았다. 이것은 사람을 기르는 방법으로 새를 기른 것이지, 새를 기르는 방법으로 새를 기르지 않은 것이다.

노나라 임금은 바닷새가 사랑스러워 그를 기쁘게 해주려고 최선을 다했다. 하지만 바닷새는 그 행위들이 전혀 기쁘지 않았다. 기쁨을 그런 방식으로 느끼지 않기 때문이다. 나는 내 방식으로 남편이 힘들지 않도록 최선을 다했다. 내 몸이 힘들어도 내가 일을 좀 더 해놓으면 남편이 할 일이 줄어드니 그가 좋아할 거라고 생각했다. 하지만 남편은 기쁘지 않았고, 오히려 더 힘들었다. 그는 몸이 힘든 건 상관없었고 마음이 힘들지 않기를 바랐다. 남편의 눈에 나는, 아무도 그러라고 한 적이 없는데 혼자 괜히 무리해서 지쳐 있다가 자기가 돌아올 시간쯤 되면 성실하게 짜증을 내는 미스터리한 타입의 인간이었을 것이다.

장자의 조언

o

　이렇게 타인을 이해함에 있어서 겪는 어려움에 대해 장자는 귀중한 조언을 남긴다. 바로 〈인간세人間世〉 편에 나오는, 수레를 바꿔 타보라는 조언이다.

> 마음으로 하여금 타자를 자신의 수레로 삼아 그것과 노닐 수 있도록 하고, '멈추려 해도 멈출 수 없는 것(不得已, 부득이)'에 의존해 중中을 기르는 것이야말로 우리가 할 수 있는 최선의 일이다.

장자는 타인이란 '멈추려고 해도 멈출 수 없는 것'이므로 '타자라는 수레에 올라타 노닐라'고 조언한다. 그러다 보면 '중中'이라는 개념이 생겨나는데 그것이 우리가 할 수 있는 최선이라는 것이다. 거 남의 차에 올라타 노는 게 뭐가 어렵겠나 싶지만, 장자의 말은 멈춰 있는 차에 타라는 게 아니라 움직이는 수레, 그것도 내가 멈추려고 해도 멈출 수 없는 속도로 움직이는 수레에 올라타라는 얘기다. 달리고 있는 자동차에 목숨 걸고 뛰어오르는 제임스 본드처럼. 허공에 뜬 비행기 위로도 폴짝폴짝 뛰는 톰 크루즈처럼.

나는 나 자신의 속도에 익숙해져 있다. 타인이라는 수레는 나보다 빠를 수도 있고, 느릴 수도 있다. 내 속도보다 빠른 경우든 느린 경우든 내 입장에서는 거기에 올라타는 순간 속도 차이 때문에 현기증을 느끼고 어지러울 수밖에 없다. 하지만 장자는 그걸 즐기라고 조언한다. 타인을 멈추려 하지 말고 타인의 속도에 익숙해지면서 새로운 균형 감각(中)을 찾는 것. 그것이 우리가 타인을 이해하는 최선의 방법이라는 것이다. 여기서 타인은 '부득이'한 존재라는 점을 유념하자. 타인은 내가 멈추려고 해도 멈출 수가 없는 존재다. 그렇다면 내가 그 속도에 맞춰 균형을 찾는 수밖에.

혹시 법륜 스님 말씀을 종종 접했던 사람이라면, 부부간의 다툼에서 조언을 청할 때 스님께서 늘 하시는 말씀이 생각날지 모르겠다. "상대를 자꾸 고치려고 하지 말고 자신이나 고치세요. 남을 고치는 건 어렵습니다. 생긴 대로 받아들일 수 있으면 받아들이고,

107

고칠 생각은 말아야 합니다. 상대의 모습을 내 마음대로 그려놓고 왜 그림과 다르냐고 상대를 비난해서는 안 됩니다." 이건 장자 이야기를 현실 상황에 대입해서 우리의 일상 언어로 해주시는 조언이다. 철학이 낯설고 어려운 것 같아도 이렇게 알고 보면 다 우리 사는 얘기다.

　그런데 나는 장자 할아버지의 조언을 제대로 따를 수가 없었다. 왜냐고? 내가 새 수레에 올라탄 것처럼 내 삶의 속도가 아찔하게 변하고 있었기 때문에. 내 발 밑의 땅이, 내가 탄 수레가 페라리 스포츠카처럼 너무 빨리 움직이는 바람에 나는 눈을 질끈 감고 있었다. 일찍이 느껴보지 못한 그 속도감과 아찔함이 나를 어지럽게 했다. 내 수레가 가파른 내리막길을 내달리고 있는데 옆에서 같이 내려가는 다른 수레로 올라타는 일은 스파이더맨 정도가 되어야 가능하지 않을까. 그렇게 나는 내 삶의 속도 변화에 놀라 눈을 질끈 감아버리느라, 남편이 타고 있는 수레에 올라타기는커녕 그 수레를 제대로 볼 수조차 없었다.
　부득이에 의존해 줌을 기르라는 조언을 따르자면 내 수레의 속도에 내가 먼저 안정적으로 익숙해졌어야 했다. 첫째를 낳고 점점 빨라지기 시작한 내 수레는 둘째를 낳고서 롤러코스터처럼 질주하기 시작했다. 그러다가 내가 내 수레의 속도에 조금씩 익숙해진 건 우리가 모두 독일로 옮긴 후였다.

고마워요, 어린이집

о

독일에 와서 처음으로 아이들을 어린이집에 맡겼다. 미국에서는 좀 괜찮아 보이는 데이케어에 보내려면 비용이 엄청나서 맡길 엄두가 나지 않았다. 엄마들의 한 달 월급이 고스란히 데이케어 비용으로 들어가 박히는 경우를 종종 목격했다. 독일에는 킨더겔트 Kindergeld라는 육아수당이 있는데 묻지도 따지지도 않고 만 18세까지 지급하니 실로 성은이 망극했다. 게다가 남편이 다니는 연구소에는 아이들이 유치원에 다닐 경우 비용 절반을 부담해 주는 제도도 있었다. 아이가 3세가 될 때까지 부모의 육아휴직이 한 아이당 3년간 가능하고, 아이가 한 살이 되었는데도 어린이집에 자리가 없다면 소송을 제기할 수 있는 나라가 독일이다. 큰아이는 세 살 무렵이라 바로 유치반인 킨더가튼Kindergarten에, 작은아이는 유아반인 크리페Krippe에 들어갈 수 있었다.

우선 3주 정도 적응 기간을 거쳐야 했다. 처음 일주일은 나와 아이가 함께 들어가서 30분에서 1시간 정도 시간을 보내고, 다음 주에는 같이 있다가 내가 마지막 30분 정도 사라져보는 것이다. 아이가 심하게 힘들어할 경우를 대비해 부모는 어린이집 안의 다른 방에서 대기한다. 그렇게 점점 부모와 같이 있는 시간을 줄이고 혼자 있을 수 있게 되면 적응이 잘 끝나는 것.

적응을 위해 어린이집의 다른 방에 앉아 있던 짧은 시간에 나는 책 한 권을 탐욕스럽게 씹어 삼켰다. 30분이라는 조용한 시간이, 아무런 양심의 가책 없이 나만을 위해 존재하다니. 적응이 잘 끝나서 아이들이 8시 반부터 1시까지 다니기 시작한 첫날, 나는 아이들 없이 청소할 수 있다는 사실에 감격했다. 아아, 내가 치운 자리에 물건들이 그대로 있어. 첫날 어찌나 신나서 바쁘게 움직였던지, 나는 집 안을 깔끔하게 청소하고 색깔별로 빨래를 두 차례나 돌리고 아이들이 오면 먹일 간식과 저녁 준비까지 마치고는 그래도 남아 있던 약 30분 정도의 시간에 감격했다. 30분을 어떻게 써야 할지 우왕좌왕하다가 결국 다시 아이들을 데리러 어린이집에 가야 했다. 되돌아보면 참 미련하기도 하고, 안쓰럽기도 했던 나.

그리고.

여유가 생기니 그때 비로소 남편이 조금씩 보이기 시작했다. 닥치고 육아를 함께해야 할 전우가 아니라, 한 인간으로서의 남편이. 나 못지않게 아빠로서의 변신이 힘들었고, 그 많은 변화에 나만큼이나 당황하고 고뇌했을 그가.

버지니아 울프가 부르짖었듯 여자들에게는 자기만의 방이 있어야 하고, 줌파 라히리가 이야기했듯 사람은 혼자만의 시간을 통해 제정신을 차릴 수 있다. 그렇게 혼자만의 시간이 주어지자 나는 점차 제정신을 차릴 수 있었다. 자기만의 방까지는 아니어도 몇 시간 동안 혼자만의 집이 주어지는 것만으로 나는 빠르게 생기를 회복했다. 생각해 보면 집에 자기만의 방이 있는 여자들이 얼마나 될

지 모르겠다. 아파트 광고를 봐도 여자들의 공간에 신경을 썼다며 자랑스럽게 내미는 것이 주로 부엌과 파우더 룸, 드레스 룸 정도인 건 왠지 서글프다. '남편의 서재'나 '아이 방'은 왠지 익숙한데 '엄마의 방'은 입에서조차 낯설다. 형편이 나아지면 우리 식구 모두는 자기만의 방을 갖기로 했다.

그렇게 어린이집이 준 자유 덕분에 나는 새로운 속도에서 새 균형을 찾았다. 그리고 이제 남편이 타고 있는 수레에 올라타 가끔씩 노닐어 보는 것이 가능한 단계까지 왔다. 집은 다시 조금씩 평화롭고 따뜻해졌다. 이제 남편을 대할 때 나는 애정과 관용과 체념의 중간쯤 어딘가에 서 있다. 허허. 나는 '부득이'에 의존해 '중'을 기른 것인가.

아빠로 변신하기

　　두 아들을 둔 육아 선배이자 아이들의 고모부께서 그런 말씀을 하셨다. 여성들은 엄마가 되기 위해 어쩔 수 없이 신체적 변화를 겪으면서 서서히 엄마라는 역할에 자신을 맞추어가는 데 반해 남성들은 신체의 변화나 어떤 호르몬의 도움 없이 자의적으로, 의식적으로 아빠로 변신해야 하는 어려움이 있는 듯하다고. 그 말을 들으니 남성들은 과연 어떤 순간에 아빠로의 변신을 체험하게 되는지 궁금해졌다.

　　남편에게 물었더니 내가 첫아이를 낳고 사나흘 우울감 때문에 눈물을 흘렸듯, 자기도 비슷한 감정을 겪었다고 했다. 내가 아이를 낳고 회복하느라 병원에 있는 동안 텅 빈 집에서 혼자 밥을 먹으며, 내가 느꼈던 것과 비슷한 불안감을 가슴 깊이 느꼈고 그때 아빠가 되었다는 것을 실감했다고. 이렇게 힘든 세상에 저렇게 약한 존재를 낳아놓고, 저 아이를 깊이 사랑하며 책임질 존재로서 갖게 되는 불안감 말이다.

《집으로 출근》(북클라우드)이라는 귀엽고 따뜻하고 뭉클한 책을 세상에 내놓은 한 아빠는 임신을 확인하고 돌아가는 길에 그런 감정을 느꼈다고 고백한다.

"임신을 확인하고 돌아가는 길에 여러 가지 의미로 세상이 두려워지기 시작했다. 길 위의 모든 것이 위험한 듯 느껴졌고, 이제 더 이상 세상에서 제일 중요한 것이 내가 아닌 것 같은 느낌이 들었다. 지금껏 한 번도 느껴보지 못했던 낯선 감정이었다. '지나왔던 내 생에 이토록 중요한 것이 없었구나' 하는 생각과 '내 남은 생에 가장 중요한 것이 생겼구나' 하는 생각이 동시에 들었다."

다른 아빠들의 경험도 궁금했다. 아빠로서의 변신 모멘트랄까. 그런 건 언제일까. 질문을 올렸더니 다정한 지인들이 자신의 경험을 나누어주었다. 보고 있자니 마음이 따뜻해져서 허락을 얻고 가져와 보았다.

J 서른넷 먹도록 운전면허도 차도 없이 살다가, 첫아이 출산을 두 달 앞두고 만삭 진료와 늦은 밤 갑자기 닥칠 수 있는 출산 상황에 생각이 닿았는데요. 결국 일주일 여름휴가를 내고 매일 새벽 면허 학원을 다니며 실기며 주행을 했어요. 대학생과 고교 졸업생들 틈에서 주행을 했더니 강사가, 음주로 취소된 면허 따시는 거냐고

묻던 기억이….

K 아빠가 되고 처음으로 애들을 위해서 내가 몇 걸음이든 내 인생에
서 물러설 수 있겠구나 하는 생각을 했던 것 같아요. 꿈이든 일이
든 뭐든 간에. 그래서 스스로도 많이 신기했던 기억이 있습니다.

W 아빠로서의 변신은 지금도 진행 중이지 않나 싶긴 한데 가장 뭉
클한 순간들을 꼽자면 먼저 아이들 탯줄을 끊어줄 때. 눈물이 찔
끔 나더라고요. 아, 이제 이 아이들이 독립된 인격체가 되는 것이
나의 손에 맡겨졌구나. 한번은 너무 힘들어서 혼자 멍하니 있었는
데, 세 살 된 아이가 아무 말 없이 와서 안아주더라고요. 아빠가 되
어 누리는 특권 같은 행복을 느낀 것 같았습니다. 그리고 애들 아
빠보단 좋은 남편이 되는 걸 우선하려고 노력했어요. 지금이야 애
들이 커서 말은 듣지만, 두 놈 다 어리고 그럴 때 일이라는 명분으
로 아내 혼자 육아 전쟁에 두었던 게 많이 미안했지요. 돌이켜 보
면 아빠라고 자각한다는 건 하나씩 배워가는 훈련 과정 같습니다.
실패와 상이 공존하는.

J 엄마든 아빠든 인간은 본능에 지배당하거나 강제되지 않는 존재
라, 전적으로 자기 의지의 발현을 통해 육아에 기여한다고 본다.
엄마와는 몸이 다르다는 핑계 내지 변명을 한다면 인간이 못난 것
일 뿐. 나는 육아에 남녀, 엄마 아빠의 유불리가 존재할 하등의 이
유가 없다고 본다.

114

S 아이가 아파서 밤에 응급실 다녀오고 조금 느낌이 달라졌던 기억이 납니다. 뛰다 부딪혀 이마가 조금 찢어졌는데, 피 흘리며 아프다고 우는 아이에게 정작 해줄 수 있는 게 없어서 어찌나 무력감이 절절하게 밀려오던지. 응급실 다녀오신 분들은 알겠지만 대기 시간은 또 왜 이렇게 길게 느껴지던지요. 겨우 순서 기다려 처치받는 동안 아프다고 막 자지러지는데 그냥 잘 견디라고 손만 잡아줄 수밖에 없어서 참… 이게 부모의 심정이구나 생각했습니다.

K 난 애 신발 신겨줄 때요. 매번 외출할 때마다 무릎 꿇고 꼬깃꼬깃 애 발을 신에 넣는 게 여간 귀찮지 않더라는. 그러면서 참 부모가 된다는 건 이렇게 수고로움이 많은 거구나, 싫어도 해야 하는 일이 많아지는 거구나 하고 느꼈어요.

J 아이가 과하게 고집부리거나 떼쓸 때, 때론 자기가 좋아하는 것에만 과도하게 집착할 때, 이게 지극히 당연하고 정상적임에도 보통 부모들은 우리 아이가 혹시 문제가 있는 거 아닐까 노심초사하잖아? 하는 일, 꿈 다 접고 베이비시터에게 더 이상 맡기지 말고 내가 전업으로 키울까 진짜 진지하게 고민이 들더라고. 때때로 일이 쌓여 아이 보는 게 부담되기도 하지만 이 아이에겐 내가 의지할 수 있는 세상 전부일 텐데 하며 반성하기도 하고. 어린이집 가면 아빠 발견하고 친구들 헤집고 "아빠, 아빠" 하며 뛰어나오는 아이를 안으면, 세상에 조건이 아니라 존재 자체만으로 나를 좋아해 주는 거의 유일한 사람이라는 생각에 눈물도 글썽이게 되고.

J 큰아이가 태어나고 병원에서 집에 오던 날 아이 얼굴을 물끄러미 바라보며 도대체 내가 이 아이를 위해 뭘 해줄 수 있을까를 생각하다가 십수 년간 피웠던 담배를 끊었어요. 그 전에도 다른 이유로 몇 번 금연을 시도하다가 실패했는데 신기할 정도로 그땐 어렵지 않게 끊었고, 개인적으로는 그게 아빠가 되었다는 데서 나온 힘이 아닐까 생각해요.

H 처음에는 의무감이 더 컸어요. 내가 진짜 아빠고 내 아이가 사랑스럽고 예쁘다는 건 머릿속으로만 갖고 있었죠. 그러다 아이가 크면서 서로 감정의 교류가 가능해지고 진정으로 뭔가를 함께할 수 있게 되면서, 그때 비로소 특별한 유대감이 생긴 것 같아요.

Y 저의 경우에는 아내가 많은 것을 포기하는 것을 옆에서 보았기 때문에 저도 스포츠나 회식 같은 저녁 약속, 외국에 나가는 학회 같은 몇 가지를 당분간은 포기했습니다. 훗날 여유가 생기면 그때 같이하려고요. 육아는 여전히 아내가 더 많이 하지만, 이 정도의 마음가짐으로 함께하니 이런 제 마음을 보고 아내가 흐뭇해합니다.

S 차근히 돌아봤어요. 언제였을까. 역시 조리원에서 아기 목욕시키는 법을 배우던 때가 떠오르네요. 한 손에 아이를 안고 조심스럽게 얼굴을 씻기고 옷을 입히는데, 조리원에 계신 선생님이 "아버님 그렇게 하시면 애기 손가락 부러져요" 하시는 말을 듣고 가슴이 철렁 내려앉았어요. 그때 느꼈던 것 같아요. 아, 옷 입다가 손가

락이 부러질 만큼 이 연약하고 작은 생명을 내가 지켜야 하는구나.

아기들은 운전면허증 취득과 금연을 가능하게 하는 존재이며, 무력감과 행복감에 눈물 글썽이게 만드는 존재, 일도 꿈도 접을 수 있게 하는 존재로군요. 아기들만 쑥쑥 자라는 게 아니라 엄마도, 아빠도 함께 자라고 있는 것 같습니다. 같이 사랑하며 함께 힘내요.

그렇게
엄마로 크고 있습니다

흉악한 곰 인형,
무서운 베이비파우더

: 소인국에 떨어진 걸리버 엄마의 시선 바꾸기

곰 인형도, 베이비파우더도 무섭다

○

남편이 다니던 대학 병원에는 학교 학생들과 식구들을 위한 특별한 출산 프로그램이 있었다. 1인실을 쓸 수 있는 우선권을 주고, 산모와 아기에게 작은 선물도 주고, 보험이 커버되지 않는 범위의 금액을 병원 측이 부담하고, 병원에서 제공하는 모든 출산 예비교실에 무료로 참석할 수 있게 하는 등 다양한 배려가 있었다.

그중 가장 크게 도움이 되었던 건 출산 예비교실이었다. 임신 출산 오리엔테이션, 분만실과 입원실 견학, 아기 돌보기의 기초,

모유수유 교실, 아기를 위한 응급조치와 심폐소생술, 무통이나 수중분만 등 각종 분만법, 임신부의 건강 케어 및 운동법에 대한 조언 같은 다양한 수업이 있었고, 동생이 태어나는 어린이들을 위한 클래스와 새로 할아버지 할머니가 되는 분들을 위한 클래스도 있었다.

교실에 앉아 있는 게 전공인 나는 거의 모든 클래스를 섭렵했는데, 그중 특히 도움이 되었던 것은 소아과 의사와 소방청 직원이 한 팀으로 진행했던 신생아 안전에 관한 수업이었다. 그분들이 가장 강조했던 것은 아직 뇌 손상을 받기 쉬운 아기를 격하게 흔들지 말라는 것, 그리고 아기 침대 안에 아무것도 넣지 말고 아기만 넣으라는 것이었다. 특히 인형이나 베개, 책, 이불 같은 것을 절대 넣지 말라고 신신당부했다. 아이는 그냥 시트를 깐 매트리스 위에 부리또처럼 잘 싸서 올려두면 되는 것이었다. 인형이나 베개, 이불 같은 것은 신생아의 숨을 막히게 할 수 있기 때문에.

우리 집 테디 베어 선생이 흉악범이 될 수 있다니 정말 충격이었다. 저 귀여운 폭신한 것들이 사람의 목숨을 빼앗을 수 있다고는 단 한 번도 생각해 본 적이 없었다. 청소 도구나 세제류는 어른들에게도 더럽고 위험하다는 인식이 있는 물건들이라 주의를 기울일 수 있어서 오히려 괜찮았다. 쏟아지고 넘어질 위험이 있는 가구라든가 감전 위험이 있는 콘센트, 뾰족한 모서리 등도 대충 예상은 할 수 있었다. 문제는 전혀 위험하거나 독성이 있는 물질이라고 생각해 보지 않았던 것들, 그렇지만 아기에게는 위험할 수 있는 물건들이었다.

이를테면 베이비파우더. 기저귀 갈아줄 때 옆에 두고 쓰는 경우가 많은데 아기가 툭 쳐서 가루가 얼굴에 쏟아지면 질식할 위험이 있다고 한다. 조금 커서 여기저기 탐험하며 돌아다니는 경우, 밀가루도 마찬가지. 다음으론 엄마 화장품이 요주의 물건으로 등장했다. 크림처럼 듬뿍 입에 넣고 먹어버리면 내성이 없는 아이들에겐 문제가 될 만큼의 독성물질이 될 수 있단다. 코로 들어가도 아기들의 작디작은 콧구멍으로는 빼기가 어려워 숨이 막힐 수 있다고 한다. 혹시 기저귀 가방 안에 핸드크림이나 아이들 발진 크림을 꼭 넣어야겠다면 아주 소량으로 나온 샘플을 넣는 게 그나마 안전하단다. 어른들이 먹는 약 역시 조심해야 할 대상. 아이들 눈에는 사탕처럼 예쁘게 보여 입에 넣을 위험이 크다. 의사는 수유하는 엄마들이 계속 챙겨 먹는 철분제를 특히 조심하라고 했다. 몇 알씩 따로 담아 기저귀 가방 안에 넣어두는 경우가 많은데, 기저귀 가방은 아이들이 잘 뒤지고 노는 보물 상자이기 때문에 위험하다는 것이다.

소방청 직원은 세탁기 안에 한 알만 던져 넣으면 되는 캡슐형 세제의 위험성을 강조했다. 색깔이 예뻐서 아이들에게 매력적으로 보이는 데다 말랑말랑 입에서 잘 터지기 때문에 최근 사고가 잦은 물건이라는 것. 그러니 절대 바닥에 두지 말고 아이들이 잘 열 수 없는 상자에 담아 높은 곳에 보관하라고 당부했다. 이제 쓰는 사람은 많이 없지만, 옷장 속 나프탈렌도 주의하라고 했다. 아이들 눈에는 그냥 박하사탕이라고. 그다음으로는 창문 블라인드 줄. 줄이나 끈이라면 사족을 못 쓰는 아이들이 갖고 놀다가 목에 감겨 질식하거나 심한 경우 목뼈가 부러진다고 했다. 그 뒤로도 한참, 평소에 아무 생각 없었던 물건들이 잠정적 살인범 및 흉악범들이 되어 줄줄이 소개되었다.

머리를 망치로 맞은 것 같은 느낌이었다. 연약한 아기에게는 햇빛도 물도 땅도(아이들은 화분에서 흙 주워 먹는 것을 즐긴다) 위험하다. 아이에게 마음껏 노출시킬 수 있는 건 공기뿐이려나,라고 생각했더니 떠오르는 황사와 미세먼지. 이런 젠장.

소인국에 떨어진 걸리버 엄마

○

돌아와 집 안을 둘러보니 온 집 안이 흉악해 보였다. 부드럽고 안온한 파장을 내던 집 안 공기가 갑자기 불안한 느낌의 파열음을 내는 느낌. 평화롭던 집 안이 전혀 다르게 보이고 모든 사물이 낯설게 느껴졌다. 나에게 편안하고 익숙한 이 공간을 다른 시선으로 보아야 했고, 허용 가능한 범위에서 재조립해야 했다.

나는 소인국에 떨어진 걸리버 엄마가 되었다. 나는 대인국의 환경에 익숙해진 대인이지만, 곧 태어날 약하디약한 소인을 위해 이 익숙한 세상을 해체하고 다시 조립해야 했다. 높아진 눈을 다시 아래로 하고 새롭게 세상을 보아야 했다.《걸리버 여행기》는 그런 면에서 시선 바꾸기의 종합 선물 세트 같은 작품이다. 소인국에서 대인국으로, 다시 말들의 나라로 여행해 그곳에서 적응하는 걸리버를 보며 우리는 다각도로, 입체적으로, 낯설게 보기를 체험한다.

아기 침대에 모빌을 달아줄 때 흔히들 하는 실수가 있다. 어른 눈높이에서 옆으로 볼 때 예쁜 모빌을 골라 달아주는 것. 누워 있는 아기는 주로 모빌의 아랫면을 보게 되는데, 옆에서 볼 때는 예쁜 모빌이 막상 아래에서 올려다보면 심심한 경우가 많다. 이는 내 시선을 타인의 시선으로 옮겨 보지 못했기 때문이다. 어느새 점점 높아진 내 눈을 다시 아래로 내리지 못했기 때문이다. 대인인 걸리버가 소인들의 시선을 생각하지 않고 자기 눈높이에서만 삶을 살면 저런 일이 벌어진다. 소인들을 불러놓고 "저 빙글빙글 돌아가는 모빌을 봐! 정말 귀엽고 예쁘지 않니?" 하고 외친들, 소인들 눈에는 동물들의 발바닥과 엉덩이만 보이는데 그게 뭐 그리 귀엽고 예쁘겠는가. 그렇게, 집에 한자리씩 차지하고 있는 수많은 물건들을 일일이 아이의 입장에서 새로 보아야 했다. 이 작은 녀석이 안전하고 재미있게 지내려면 뭘 어떻게 해야 할까, 나는 곰곰이 머리를 굴리기 시작했다.

우선은 위험할 수 있는 물건들이 많다고 스스로 너무 불안해하지 말아야 했다. 똑같은 상처도 엄마가 웃으면서 "괜찮아, 별거 아니야" 하는 경우엔 덜 아픈 것 같은데 엄마가 호들갑스럽게 소리를 지르면 훨씬 아픈 것처럼 느껴진다. 내가 불안하다고 아이를 우리에 넣어 키울 수도 없는 법. 아이는 좀 다치고 놀라더라도 세상을 만져보고 그 위에서 걷고 뛰는 사람이 되어야 한다. 최대한 아기에게도 안온한 파장을 내는 공간으로 만들어보자고 마음을 먹었다.

모빌 달 자리 아래에 얼굴을 넣어보고 아, 아기가 주로 보는 공간은 이렇게 보이겠구나, 하며 둘러보는 우리 집은 내 눈에도 새로웠다. 그네를 타다 머리를 아래로 하고 거꾸로 보는 세상이 신기하고 재미있듯이, 시선을 돌려보니 새로 보이는 것들이 꽤 많았다. 아기가 주로 눕는 곳 바로 위로는 눈부신 조명이 없게끔 해야겠구나 하는 생각도 머리를 그렇게 넣어보고서야 들었다.

아기가 세상에 오고 나서는 땅따먹기가 시작되었다. 처음에는 아기가 움직이지 못하니 신경 쓸 공간이 딱히 넓지 않았다. 그러나 차츰 아기의 기동성이 좋아지고 손이 닿는 높이가 밀물처럼 차오르자, 아래쪽에 있던 위험한 물건들은 모두 높은 곳으로 대피해야 했다. 만지지 못하게 하고 싶은 엄마와 만지고 싶은 아기의 대추격전. 아기가 처음으로 부엌 서랍장 앞에 의자를 놓고 버둥버둥 그 위에 올라가 호모 파베르의 미소를 씨익 지으며 엄마를 돌아다봤을 때(단숨에 높이가 +30 증가하였습니다), 나도 모르게 아악 소리가 나왔지만 그건 엄마에게도 아기에게도 귀중한 성취이자 발전이었다. 우리 집은 대인도 소인도 함께 자라며 즐거운 곳이어야 했다.

남이 되어보는 연습

。

아이를 키우면서 많은 것을 새로 배우지만, 그중 정말 귀한 가르침은 자연스럽게 남이 되어보는 연습을 한다는 점이다. 그간은 내가 주인인 일인칭 시점의 세계에서 살아왔지만 아기를 통해 내 시선이 변화한다는 것. 내 시선이 변하면 내가 살고 있는 세상도 당연히 조금씩 변화한다.

철학에서 남이 되어본다는 것, 낯설게 거리를 두고 스스로를 초월해 보는 것은 보통 고통을 수반하는 작업이다. 장자는 목숨을 걸고 스턴트맨처럼 수레를 바꿔 타라 말했고, 니체와 레비나스도 나와 타자 사이의 그 어쩔 수 없는 긴장을 이야기했다. 맹자는 슬픔과 분노에 차 있는 타인에 대한 측은지심을 말했고, 롤즈는 사태 해결의 실마리를 찾고자 이성적으로 뒤집어써 보는 '무지의 베일veil of ignorance'을 제안했다. 모두 타인을 이해하고자 하는 시도들, 혹은 타인과 더불어 살아보고자 하는 시도들이지만 거기에는 어느 정도의 긴장과 고통, 혹은 자의식적 노력이 수반된다.

그런데 엄마의 시선 변화는 조금 다른 것 같다. 그저 아기의 눈에는 어떻게 보일까 생각하면서 순수하고 기쁜 마음으로 시점을 전환해 볼 수 있는 기회가 생기는 것이다. 조그만 타인을 위한 순전한 변화. 일인칭의 내 세상에서 내려와 스스로 조금 낮아지는 데도, 거기에 어떤 긴장이나 고통이 크게 따르지 않는 경험. 그간 세상은 일인칭인 내가 주인공이었는데, 일인칭으로만 바라보던 세상을 기쁘게 조금씩 무너뜨리게 되는 것이 부모다. 이제 이 조그만 녀석을 위해 나는 기꺼이 조연도 되어줄 수 있고 가끔 필요하다면 무심한 배경이 되어줄 수도 있다.

예를 들면, 재주 넘치고 사랑스러운 후배 H. 보는 사람 심장에 무리가 가는 귀여운 두 아이를 키우고 있는 그녀는 "예전의 나는 내가 주인공이 되기만을 바랐는데, 이젠 내가 이 아이들이 주인공이 되기 위해 존재하는 사람이었구나 생각할 때 더 벅차다"고 했다. 영화 〈인터스텔라〉가 무척 맘에 들었던 지점은, 주인공 쿠퍼가 '아, 그들이 선택한 건 내가 아니고 내 딸이었구나'를 깨닫는 지점이었고 그 순간 왈칵 눈물이 나기도 했다고.

중용, 슬기롭게 줄타기

○

하지만 이 시선의 변화가 너무 극단적이어서는 안 된다. 아이에게 시선을 돌리지 못하고 계속 혼자 주인공으로만 사는 부모도 슬프지만, 나를 완전히 버리고 세상에 아이만 존재하는 것처럼 사는 부모도 슬프다. 내가 밥을 못 먹더라도 아이 입에 따뜻한 밥을 넣어주고, 나는 몇 년째 옷을 못 사도 아이에게는 철마다 알록달록 고운 옷을 입히는 게 '엄마의 마음'이지만, 이런 게 '엄마의 삶'이 되어서는 안 된다고 생각한다. 세상 무엇과도 바꿀 수 없는 소중한 내 아이라 해도, 자아를 잃은 채 아이의 눈으로만 세상을 보고 아이의 욕구에만 반응하며 사는 삶은 너무 서글프다. 소인국에서 소인들과 더불어 즐겁게 사는 방법을 터득했던 걸리버처럼, 대인과 소인이 함께 즐겁게 지내며 서로 시선을 교류해야 한다.

시선을 아이에게 고정하면서 눈을 너무 안전 쪽으로만 극단적으로 돌려서도 안 된다. 육아 용품 중에는 플레이펜playpen이라는 것이 있다. 아기를 가둬두는 울타리다. 아기가 움직이기 시작했지만 아직 뭐가 위험한지에 대한 개념은 없을 때, 그곳에 잠시 넣어두면 엄마는 안심할 수 있었다. 안심하고 샤워를 해도 좋고, 아기가 옆에 올 위험이 없이 다림질을 해도 좋았다. 아기를 처음 이 안에 넣어두고 나는 〈브레이브 하트〉의 멜 깁슨처럼 양손을 치켜들고 프리덤을 외쳤다. 하지만 이게 편하다고 해서, 혹은 안전하다고 해서 아이를 종일 이 안에만 넣어두면 아이는 경계를 넘어서는 경험을 하지 못한다. 우물 안 개구리가 되는 것이다.

시선을 아이에게 돌리긴 돌렸는데 어른의 입장에서 왜곡된 시선을 돌려도 문제가 된다. 미국에서 임신과 출산을 겪는 것이 낯설어, 가끔 들르며 정보를 얻었던 온라인 커뮤니티가 있었다. 그곳의 한 엄마는 이유식을 할 때 아이 손을 항상 의자에 묶어놓고 음식을 받아먹게 했다고 한다. 포크 같은 것에 눈이 찔릴까 겁이 났고, 아이가 자기 옷과 손, 얼굴과 식탁을 더럽게 만드는 것이 싫었다고 했다. 평화롭고 안전하고 깨끗했을지 몰라도 아이는 커서 도구 사용에 어려움을 겪었고, 또래 아이들이 사용할 수 있는 포크나 가위 같은 도구를 적절히 사용하지 못해 더 위험해지고 말았다. 그 안쓰러운 엄마는 또래보다 할 수 있는 게 너무 없는 아이의 상태에 절망하며 익명의 게시판에서 조언을 구하고 있었다.

위생 문제도 마찬가지다. 어머니께서 정말 좋은 재료로 만든 신선한 음식만을 신경 써서 먹여 키우셨다는 한 언니가 있다. 내가 참 좋아하는, 야무지고 고운 언니. 그런데 이 언니는 길거리에서 떡볶이나 어묵 같은 음식을 사 먹으면 자주 탈이 난단다. 나의 애국심의 근원인 떡볶이를 마음대로 못 먹다니, 듣는 내가 다 서러웠다. 외국으로 여행을 가도 길거리 음식을 사 먹는 건 꽤 용기를 필요로 하는 일이라고 했다. 그렇게 언니는 1급수에만 산다는 산천어처럼, 좋지 않은 식재료의 인간 리트머스 시험지 같은 퓨어함을 가지고 살고 있다. 한번은 시어머니께서 끓이신 국을 먹자마자 탈이 나서 식구들이 맛있게 국을 먹던 식탁을 어색하게 만들었다는, 마냥 웃지 못할 얘기도 들었다. 나는 엄마가 젖병에 분유를 타주면 마당에 들고 나가 나 한 입, 강아지 한 입, 이렇게 나눠 먹었다고 한다. (어후 뭐라고요, 엄마.) 그렇게 커서인지 조금 상한 것 같은 음식을 함께 먹어도 나는 탈이 잘 안 난다. 내가 더 더러워서 그런가 보다. 흠흠. 어떤 선을 지켜야 할지 기준을 잡는 것이 좀 어렵겠지만 어차피 세균이 가득한 세상, 적당히 더럽게 큰 아이가 건강하다는 건 맞는 말인 듯하다.

아이들 놀이터 역시 그렇다. 놀이터 디자인에 있어서도 위험과 안전 사이의 슬기로운 줄타기가 중요하다. 너무 안전만 신경 써서 누가 봐도 뻔한 놀이기구는 재미가 없고 배우는 것도 많지 않다. 적당한 선에서 아슬아슬함도 느껴보고 위험한 경험도 하고 조금은 다쳐보기도 해야, 아이들은 자기 몸을 어떻게 사용하고 어떻게 방어해야 하는지 몸으로 배우게 된다. 물론 아이들에게 감당할 수 있는 위험 요소를 준다는 게 말처럼 쉽진 않다. 머리로는 알고 있어도, 좀 위험해 보인다 싶으면 그렇게 내버려 두기가 어렵긴 하다. "아아 어우ㅊ이;ㅏㄴ;;ㅋㅍㅚㅏ ㅈ.,ㄷㅠ러ㅏ 안 돼애애애애애애!!!"보다는 "조심해!" 하며 웃어주려고는 하지만, 나도 모르게 주먹을 꼭 쥐게 된다. 중용이란 게 평생 그렇게 어려운 숙제다.

넓어지는 시선

○

어른들의 입장에선 전혀 위험한 물건이 아닌데 갓 태어난 아가들에게는 위험할 수 있는 물건을 생각하다 보니, 인간에게는 전혀 위험한 게 아닌데 다른 동물들에게는 위험할 수 있는 경우에 생각이 살짝 가닿았다.

예를 들면 개와 초콜릿.

고양이와 포도.

말馬과 토마토.

물고기들과 포장 비닐.

북극곰과 에어컨.

지나가다 우리 아이 얼굴에 담배 연기가 훅 와 닿으면 전혀 모르는 타인에게도 짜증이 훅 솟아오르는 게 엄마들이다. 특히 유럽은 담배에 관대한 문화라, 주차장 엘리베이터 안에 끄지 않은 담배를 들고 타는 사람이 있어 나는 뭉크의 절규 같은 얼굴로 기함한 적이 있다. 하지만 나 역시 그동안 프레온 가스를 아기 곰 얼굴에 훅 부어댄 타인은 아니었을까. 엄마 북극곰에게는 눈에 넣어도 아프지 않을 소중한 아기 곰일 텐데.

너무 비약인 걸까 생각해 봐도, 분명히 세상은 연결되어 있다. 그것을 알고 감사하는 마음, 조심하는 마음을 가지는 것은 엄마가 됨으로써 얻는 귀한 교훈이다. 내 새끼가 예쁘면 남의 자식들도 예쁘고, 세상의 삐약거리는 모든 작고 약한 것들이 사랑스럽고 안쓰럽다. 일인칭의 세상에서 내려와 낮은 곳을 볼 때 우리는 세상과의 연결고리를 더욱 단단하게 느낀다. 이런 깨달음의 기회를 주니 아기란 참 고맙고 신기한 존재다.

우리 집 꼬마들이 이제 자기에게 위험한 것이 무엇인지 대충 감을 잡은 나이가 된 지금, 테디 베어 선생과 베이비파우더는 그간의 불명예를 벗고 선량한 시민으로 갱생했다. 대신 보는 즉시 신고해야 할 새로운 흉악범이 등장했으니 바로 마커, 즉 유성매직이다. 와, 이게 이렇게 치명적이고 파괴적인 무기인 줄은 미처 몰랐다. 천, 플라스틱, 종이, 벽, 유리 등 재질을 가리지 않고 광범위한 파괴가 가능한 신무기. 학생으로 오래 있었던 탓에 최근까지도 학문 전달의 신성한 도구 같은 느낌이었던, 선량하고 지혜롭던 매직은 그렇게 흉악하기 그지없는 가정파괴범으로 변해버렸다. 아이를 키우는 집이 아니고서야 매직의 위력을 이렇게 실감할 일이 있을까.

이렇게 세상 만물을 조금씩 낯설게 보는 일은, 조금 당황스럽긴 해도 꽤 재미있고 신기한 경험이다. 아이가 크는 그 시간의 길을 따라 또 얼마나 다양한 세상의 물건들을 다르게 보게 될 것인지, 나는 사실 조금 기대하고 있다. 그렇게 조금씩 넓어지는 시선, 새로운 시선을 갖게 해주는 아이들이 있어 내 삶도 알록달록해지고 있다. 고마운 일이다.

분리되어야
연결된다

: 흡스에게 분리 불안을 묻다

엄마 어딨어?

◦

둘째가 아직 젖을 떼지 못했던 시기, 나는 주말에 독일어를 배우러 다니기 시작했다. 외국인이 독일어를 배워 B1(한국어 능력 시험 급수 같은 것으로, 중급에 해당) 자격증을 따고, 독일 문화와 역사, 사회 전반에 걸친 오리엔테이션 코스를 듣고 테스트에서 일정 수준을 통과하면 그간 들었던 모든 비용의 절반을 독일 정부에서 대주는 프로그램이 있었다.

이 프로그램의 최대 난관은 아이들에게 들키지 않고 집 밖으로 나가는 것. 첫째는 엄마가 공부하러 안 갔으면 좋겠다고 울 때도 있었지만 그래도 좀 컸다고 대체로 괜찮았다. 문제는 둘째였다. 금요일 저녁마다 007 작전을 방불케 하는 각종 트릭이 집 안에 난무했다. 수업에 집중하고 있을 때면 종종 아이들 사진이 전송되어 오곤 했는데, 첫날에는 둘째의 아임 크라잉 3종 세트가 도착했다. 수유 쿠션을 들고 울부짖는 사진, 엄마 옷을 안고 울부짖는 사진, 엄마가 신던 슬리퍼를 안고 울부짖는 사진. 아이의 울부짖는 소리와 더불어 아빠의 더운 땀이 느껴지는 공감각적 사진들이었다. 아이가 귀엽고 안쓰럽고 아이 아빠에게 미안한 마음도 들었지만, 사실 나는 은밀한 해방감을 만끽했다. (후훗. 여기선 화장실도 내 맘대로 갈 수 있지.)

아기에게는 엄마가 밥이고 옷이고 집이고 세계다. 아빠도 그랬으면 좋겠는데, 유감스럽게도 나만 그렇다. 남편은 섭섭한 듯했지만 애들이 나만 찾는 상황을 은근히 즐기는 것 같기도 했다. 나는 이렇게 바빠 죽겠는데 옷도 엄마랑 입고 싶고, 기저귀도 엄마랑 갈고 싶고, 치카도 엄마랑 하고 싶고, 잠도 엄마랑 자고 싶은, 뭐든지 엄마랑 하고 싶은 아가들. 그리고 "애들이 나랑은 하기 싫대-" 하며 어정어정 아이들을 들고 오는 그대. 그럴 때마다 슬그머니 분노의 쓸개즙이 샘솟는 것 같았는데, 그런 그대가 혼자 씨름할 생각을 하니 맨입에서 참기름 맛이 나는 것 같았다.

그로부터 2년쯤 지난 현재, 상황은 지금도 다르지 않다. 새벽부터 아이들에게 내 몸과 영혼을 모두 내어준 휴일 오후. 허리가 너무 아프고 쉬고 싶었다. 2층 침대 위층에 아이들 몰래 도루 주자처럼 숨어들어 갔다. 세이프! 아이들이 방에 들어온다 해도 내가 바로 보일 리 없었다. 그런데 숨 죽이고 흐뭇하게 누운 지 5분도 되지 않아 어떻게 귀신같이 알고 "엄마 여깄네!" 하고 꾸역꾸역 올라와 두 녀석이 내 옆에 (혹은 내 위에…) 드러눕는다. 뭐지. 어떻게 알았지. 내 옷에서 냄새라도 나나 싶어 맡아보았다. 아이들에게는 나를 찾을 수 있는 다른 후각 신경이라도 있는 것 같았다.

글을 쓸 때도 그렇다. 아이들은 내가 컴퓨터 앞에 앉아 뭘 쓰는 꼴을 못 보고 기어이 내 무릎 위로 올라오고야 만다. 첫째는 내 무릎에 앉더라도 엄마가 쓰는 글을 망치지 않게 조심해야 한다는 걸 알고 있지만, 둘째는 쇼스타코비치에 빙의해 곧바로 광란의 키보드 연주를 시작한다. 아이들은 어째서 자석의 N극과 S극처럼 나랑 딱 붙어 있으려고 하는 걸까. 그렇게 붙어 있고 싶으면 내 말이라도 좀 잘 듣든가.

분리 불안, 시간에 주목하라

◦

분리 불안은 사람이나 물건 등 애착 대상으로부터 분리될 때, 혹은 분리될 것으로 예상될 때 불안감을 느끼는 증상을 말한다. 아이들이 거쳐 가는 지극히 자연스러운 발달 과정이라고 한다. 애착 대상과 떨어지게 되면 심리적 안정을 위해 대신할 물건을 찾기도 하는데, 스누피 만화에 나오는 라이너스의 담요가 대표적이다. 담요를 항상 질질 끌고 다니고 손가락을 빨며 데카르트를 인용하는 이 귀여운 꼬마 철학자가 어찌나 유명했던지 '라이너스의 담요Linus Blanket'는 심리학 용어로 굳어지기까지 했다.

아이들은 8개월 무렵이 되면 서서히 낯선 사람이나 새로운 곳을 두려워하기 시작하는데, 이는 아기가 자신을 둘러싼 환경을 인지하고 적응하고 있다는 뜻이다. 따뜻하고 포근한 엄마와, 얼굴에 가시가 나서 조금 까칠하지만 역시 따뜻한 아빠가 세상의 전부인 줄 알았는데, 엄마 아빠 말고도 더 넓은 세상이 보이기 시작했기 때문이다. 그래서 낯선 것에 대한 두려움이 생기는 것이다. 그러므로 아이가 엄마 아빠와 떨어지지 않으려는 것은 아이가 세상을 바라보고 차츰 느끼고 있다는, 아이의 세상이 점점 넓어지고 있다는 아주 건강한 표시다.

분리 불안은 보통 두 살 정도가 되면 현저히 감소한다고 하는데, 이쯤 되면 시간 개념이 발달하기 때문이다. 엄마 아빠가 지금 내 옆에 없지만 나중에 다시 돌아올 거라는 걸 아는 것. 조금 시간이 지나면 다시 만날 수 있다는 것. 하지만 시간의 개념을 이해하는 것은 쉽지 않을 뿐더러 상당한 시간이 소요되기 때문에, 많은 아이들에게 분리는 어렵고 고통스럽다.

불안이라는 감정은 전통적으로 학자들의 눈길을 끌어왔다. 고대 그리스의 스토아 학파와 에피쿠로스 학파는 마음속 불안감을 해소하는 방법에 큰 관심을 쏟았고, 현대 심리학이나 정신 분석학에서도 불안은 빼놓을 수 없는 중요한 주제다.

프로이트는 아이가 엄마와 떨어졌을 때 겪는 분리 불안을 모든 인간이 경험하는 불안의 원천으로 본다. (1856년생이시라 그런지 분리 불안에 있어서 주로 엄마 얘기만 하신다.) 우선 출산으로 인해 일차적으로 엄마와의 신체적 분리를 겪은 아이는, 이후 엄마와 떨어져 홀로 남았을 때 큰 심리적 충격을 겪게 되는데 이것이 이후 삶에 있어 모든 공포와 불안의 근원적 경험으로 남는다는 것이다. 프로이트는 불안이라는 감정이 상대와의 관계에서 얻는 만족에 좌우된다고 생각했고, 따라서 엄마와 아이의 관계가 친밀할수록 분리 불안 증세가 더 강하게 나타난다고 했다. 딱히 틀린 말은 아닌데 애 엄마 입장에선 그다지 신통치 않아 보인다. 그만큼 중요한 경험인 건 이해가 가는데, 사이가 좋을수록 불안이 커진다고 일부러 사이를 안 좋게 만들 수는 없는 일 아닌가.

불안이라는 개념 연구에 큰 획을 그은 라캉의 말은 꽤 귀담아들을 만하다. 그는 불안이 결핍에서 온다기보다 "결핍이 결핍되었을 때" 온다고 말한다. 엄마나 아빠가 없어서 불안한 게 아니라, 엄마나 아빠랑 떨어져 보지 않아서 불안하다는 이야기로 해석하면 동의의 박수를 물개처럼 치고 싶은 말이다. 그런데 라캉은 실패한 분리에서 분리 불안이 온다고 했다. 이 말도 굉장히 의미 있는 말이지만 논리적으로는 조금 문제가 있다. 불안은 미래의 개념이고 분리의 실패는 과거 및 현재의 개념이라는 점에서 둘 사이의 사각지대가 생길 수 있기 때문이다.

과거 현재 미래가 모두 튀어나오는 바람에 갑자기 어지러움을 느낀다면, 가슴을 빡 때리는 이런 예가 도움이 될 지 모르겠다. 연애하다가 헤어진 다음 날. 내 일상에서 오랜 시간 곁을 차지하며 공기 같았고 햇살 같았던 익숙한 사람. 그 사람이 없어져 혼자서 뭘 하는 게 너무나 어색하고 힘이 드는 그런 시간. 이 분리를 받아들이는 게 너무 힘이 들고, 아직은 내가 사랑했던 상대와 성공적으로 분리되지 않았다. 분리의 실패다. 하지만 이미 헤어졌기 때문에, 상대와의 이별을 더 불안해하지는 않아도 된다. 따라서 이런 경우에는 분리의 실패로 인해 분리 불안이 오는 게 아니다. 실패한 분리에서 분리 불안이 온다는 라캉의 말은, 과거 현재 미래가 모두 연결된 경우에만 옳다. 예를 들어 아이가 잠든 틈을 타 엄마가 잠시 지하 세탁실에 간 사이에 아이가 깨어 자지러지게 울었다가, 그 뒤로는 엄마 얼굴만 안 보여도 난리가 나는 그런 경우 말이다.

내 생각에 분리 불안과 그 대책을 가장 제대로 들어맞게 설명하는 것은 홉스다. 홉스가 분리 불안이라는 개념 자체를 설명한 적은 없지만, 인간이 가지는 불안과 공포에 대한 명쾌한 설명으로 가장 이름난 철학자인 만큼 그의 이론을 분리 불안에 대입하는 데에 전혀 무리가 없다.

홉스가 불안과 공포에 관해 특히 주목하는 것은 '미래'라는 시간적 개념이다. 돌쇠가 지금 쌀밥을 맛있게 먹고 있는데도 불안한 것은 내일도 쌀밥을 먹을 수 있을지 잘 모르겠기 때문이다. 엄마 아빠가 지금 옆에 있는데도 아이가 불안한 것은 엄마 아빠가 5분 뒤에 없어질지도 모르기 때문이다.

홉스의《리바이어던》에는 "만인의 만인에 대한 투쟁"이라는 유명한 구절이 있다. 쉽게 말하면 국가도 법도 없는 자연 상태에서는 인간들이 서로 선빵을 날리며 싸우게 된다는 것이다. (선빵이라는 빵도 출시되면 좋겠다. 내 미각에 선제공격을 가하는 맛.) 인간들이 이런 투쟁 상태로 접어드는 것은 본래 성격이 고약해서가 아니라, 미래가 불안하기 때문이다. 아이들이 울고 불고 뒤집힌 풍뎅이처럼 방바닥에서 버둥거리며 엄마 아빠 앞에서 농성을 벌이는 것은, 우리 아이들이 성질이 더럽거나 예민하기 때문이 아니라 단지 불안하기 때문이다.

이 불안을 해소하려면 그 불안한 미래를 예측 가능하게 해야 한다. 즉, 홉스가 말하는 분리 불안에 대한 해결책은 '예측 가능성을 통한 신뢰 확보'다. 불안이 만연한 홉스의 자연 상태에서 벗어나기 위해 사람들은 약속을 통해 규칙을 만들고 법을 만든다. 그래야 컴컴하고 불안한 미래가 어느 정도 투명해지고 예측 가능해지기 때문이다. 그래야 서로를 믿을 수 있기 때문이다.

부모도 마찬가지다. 엄마가 지금은 나가지만, 두 시간 뒤에 분명히 돌아올 것이라는 약속. 아빠가 지금 너를 이 어린이집에 맡기지만, 너는 오후 세 시에 틀림없이 다시 집에 돌아가게 된다는 규칙. 처음에는 그 규칙을 신뢰할 수 없어 울지만, 아이는 그 규칙이 틀림없이 잘 시행되는 것을 알게 되면 차츰 미래에 대한 불안을 거둔다.

여기에서 주의할 것은 그 규칙을 아이가 신뢰할 수 있도록 해줘야 한다는 것. 그래서 아이와 한 약속을 최선을 다해 지켜주어야 한다. 신뢰가 쌓여야 예측 가능성이 생기고 아이가 안정감을 얻을 수 있기 때문이다. 훈육을 할 때도 "너 자꾸 이렇게 떼쓰면 엄마 가버릴 거야. 너 혼자 여기 있어", "말 안 들으면 딴 집으로 보낸다", "자꾸 이렇게 말 안 들으면 경찰이 와서 너 경찰서로 데리고 간다" 같은 고전적 3대 위협을 사용하는 것은 아이의 불안을 가중시키기 때문에 좋지 않다고 한다. 급한 일이 있을 때, 아이가 놀고 있거나 자고 있는 틈을 타 몰래 빠져나오는 것도 좋지 않다고 들었다. 아이가 울며 매달리더라도 엄마가 어디를 가고 언제 다시 돌아오는지 잘 설명해 주고 인사를 나눈 뒤에 헤어져야 한다는 것이다. 나는 독일어를 배우러 갈 때 맨날 수유해서 재워놓은 다음 남편에게 뒤를 맡기고 튀었다. 나는 그간 대체 무슨 짓을 한 것인가.

약속과 규칙

。

그러고 보니 생각나는 일화가 있다. 캐나다 밴쿠버에 있는 언니네 집에 아이들을 데리고 갔을 때였다. 둘째는 아직 세상 구분이 안 되는 와생동물 상태였고, 첫째는 두 살이 조금 넘었었다. 항상 만나고 싶었던 지인이 마침 밴쿠버에 거주하고 있어서 언니에게 아이를 잠시 맡기고 나가 점심을 먹고 돌아오려고 했다. 언니도 나도, 내가 몰래 나가는 게 더 나을 거라고 생각했다.

아이가 노는 틈을 타서 몰래 나오는 덴 성공했는데, 밖에서 지인의 차를 기다리는 동안 두 살짜리 아이는 창밖을 내다보며 엄마를 발견하고는 애타게 불렀다. 그리고 엄마가 돌아오지 않자 곧 폭주하기 시작했다. 그런 모습은 나도 처음 봤다. 불을 뿜는 새끼 용을 보는 느낌. 언니가 도저히 달랠 수 없어서 내가 다시 들어갔다. 아이를 달래고, 아이에게 상황을 설명하고 "엄마가 나갔다가 밥 먹고 다시 올 거야"라고 했더니, 어머나. 아이는 거짓말처럼 울음을 멈췄다. 그리고 별일 없었던 것처럼 놀기 시작했다. 언니랑 나는 마주 보며 어안이 벙벙했다. 아, 두 살짜리 아이도 상황을 설명하고 약속을 해주면 불안을 거두는구나.

아이가 어린이집에 적응하는 과정도 이 '미래에 대한 불안, 그리고 신뢰할 수 있는 규칙'이라는 홉스적 시스템이 그대로 반영된 프로세스다. 우리 아이들이 다니고 있는 어린이집에서는 아이의 적용을 위해 약 4주가 소요되는 베를린식 적응 모델이라는 걸 쓰고 있었는데, 새로운 환경에 적응해야 할 아이들의 불안과 스트레스를 점차 줄여 가기 위한 방법이었다.

방법은 간단하다. 첫 3일간은 분리는 없고, 엄마나 아빠 등 양육자가 아이와 함께 교실에 들어가 시간을 보낸다. 4일째 되는 날 첫 분리 시도가 이루어진다. 양육자가 짧고 간결하게, 헤어진다고 이야기해 주고 10분 정도 아이가 혼자 견딜 수 있는지를 본다. 달래지지 않는 상황에 대비해 양육자는 다른 방에서 대기한다. 그 뒤로 4주간 점진적으로 아이가 혼자 있는 시간을 늘린다. 아이는 이 방법으로 무리 없이 3주 정도에 적응을 완전히 마쳤다. 정해진 시간이 되면 엄마나 아빠가 나를 데리러 온다는 것, 그 규칙을 믿고 아이는 새로운 세상을 만났다. 많은 친구가 생겼고, 집 밖의 세상을 알게 되었다.

분리되어야 연결된다

分리는 중요하다. 신뢰와 안전을 바탕으로 새로운 세계를 만나지 못하면 아이들은 자랄 수 없다. 분리가 되어야 새로운 세상과 연결될 수 있고, 다시 부모와도 건강하게 연결될 수 있다. 엄마 아빠가 지금은 나를 떠났지만 나중에 내게 다시 돌아온다는 것을 믿는 것. 나도 어딘가 새로운 곳에 갈 수 있지만 집으로 다시 돌아올 수 있음을 아는 것. 이렇게 쌓은 신뢰로 아이들은 집 밖의 세상을 탐험할 용기와 자신감을 얻는다. 그래서 때로는 아이의 손을 놓아줄 필요가 있다. 미리 떨어져 보는 연습이 필요하다. 아이가 불안해한다고 해서 아이를 늘 곁에 두면 아이의 불안이 누그러질 것 같지만, 절대 그렇지 않다. 또래와의 경험이나 새로운 환경을 접할 기회가 부족해져서 커갈수록 결국 더 큰 불안을 느끼게 되기 때문이다. 그래서 귀한 자식일수록 내보내라고 했나 보다.

아이와 한 몸처럼 붙어 지낸다고 해서 평생 그렇게 아이와 나의 사이가 좋을 거라는 것도 아마 착각일 것이다. 건강한 두 개인, 홀로서기에 문제가 없는 두 개인이 만나야 연애와 결혼이 건강히 이루어지듯, 적절히 분리되지 않으면 부모와 자식 간에도 건강히 연결될 수가 없다. 아이는 언젠가 세상에 나가야 하고, 화장실에 혼자 들어가 문을 걸어 잠그는 아이가 되어야 한다.

또 하나 기억해야 할 점은, 우리 삶에서 불안은 결코 없앨 수 있는 감정이 아니라는 점이다. 하이데거는 불안을 인간 삶의 근원적인 감정이라고 했다. 즉 인간인 이상 평생 불안한 법이고, 여기에서 도망칠 수는 없다는 말이다. 따라서 불안을 없애는 것이 중요한 게 아니라 불안을 잘 다스리는 것이 중요하다.

나는 전공이 정치철학인데, 그중에서도 공포와 불안 개념에 관심이 많았다. 한때 나는 공포가 자유의 반대 개념이니까, 우리의 일상에서 자유의 영역을 넓히고 공포를 없애는 것이 중요하다고 생각했던 적이 있다. 그래서 항상 공포를 '제거'한다는 표현을 썼다. 그런데 한번은 지도교수님이 나한테 물으셨다.

"너는 공포를 완전히 제거하는 게 가능하다고 생각하니?"

아. 그렇구나.

인간으로 태어난 이상 공포는 없앨 수 있는 것이 아니라, 잘 다스려야 하는 것이었다. 자매품인 불안도 마찬가지다. 없애려고 들면 더 큰 불안이 찾아올 수도 있다. 불안을 없애준다고 내 곁에만 두었던 아이가 세상을 더 불안해하게 되듯이. 그러므로 함께 공존하는 방법을 모색해야 한다. 나는 그 뒤로 더 이상 '제거'라는 표현을 쓰지 않았다. 공포와 불안은 평생 내 가슴께 어디엔가 담겨 있는 것임을 알게 된 후로 공포라는 주제를 학문적으로 대하는 내 눈이 새로워졌다. 공포와 불안이 꼭 자유의 반대 개념인 것이 아니라는 점도, 그렇게 시선의 전환이 있고서야 깨닫게 되었다.

어른들의 분리 불안

○

불안을 잘 다스리는 것, 분리되어야 연결된다는 것을 아는 것, 이는 비단 어린아이들에게만 중요한 것은 아니다. 어른들도 분리 불안을 겪는다. 예를 들어 휴대폰을 집에 두고 오면 하루 종일 불안하다. 괜히 세상과 소통이 막힌 느낌을 받는다. 중요한 연락을 못 받고 있는 것 같은 불안감이 스멀스멀 하루를 지배한다. 세상에 호환 마마보다 무서운 것은 내 폰에 배터리가 간당간당한 것이다. 사람들은 서로 얼굴을 보겠다고 어렵게 약속을 잡아 만나서는 자꾸 전화기를 들여다보고 앉아 있다. 오죽하면 모두 테이블 위에 전화기를 엎어놓고, 가장 먼저 무의식중에 자기 전화기를 집어 드는 사람에게 페널티를 주는 게임이 생길 지경이다.

사실 이것은 스마트폰이라는 물건 자체에 대한 집착이기보다는 온라인에 있는 사람들과의 관계에 대한 집착이다. 나를 둘러싼 온라인상의 관계에 대한 무의식적 확인이 습관화된 것이다. 삶의 의미를 댓글이나 조회수 같은 타인의 관심으로 보상받으려는 행동, 타인 의존적인 행동, 자신보다 타인의 감정을 더 우선시하는 행동 등은 모두 어른들이 보이는 '관계에 대한 불안'이자 '분리에 대한 불안'이다. 정도가 심할 경우 일상생활에 지장을 초래하거나 의존성 인격 장애로까지 이어질 수 있는데, 이게 바로 어른형 분리 불안이라고 하겠다.

휴대폰 스크린 안의 세계가 자꾸 나를 잡아끌기는 하지만, 제대로 폰을 놓고 눈을 들어 내 삶에 집중해야 한다. 그렇게 하지 못하면 우리는 타인의 삶을 들여다보느라 내 삶을 허비하게 된다. 그들은 그 자리에 계속 있을 것이며, 내가 내 삶을 충만히 살고 하루하루 좋은 것들을 쌓아 다시 만나야 그 만남이 더욱 견고하고 아름다워진다는 것을 알아야 한다. 세상 놓기 싫은 연인의 손도 잠시 놓을 줄 알아야 한다. 늘 붙어 있고 싶어도, 떨어져서 내 삶을 충실히 살아내야 서로가 성장하고 둘의 관계도 더 견고해진다. 홀로서기가 제대로 되지 않는 두 사람이, 그저 붙어 있다고 해서 모든 문제가 해결되리라고 믿는 건 착각이다. 이렇게 보면 어른들의 삶도 아이들의 삶과 다르지 않다.

어른들의 분리 불안은 또 있다. 부모도 아이들과 떨어지면 살짝 분리 불안을 겪는 경우가 있다. 나도 한때 귀여운 분리 불안을 겪었다. 나는 아이들의 하루하루가 굉장히 궁금한 타입의 인간이다. 애들 아빠가 아이들을 놀이터에 데리고 가면 나는 좀 집에서 쉬어도 될 텐데, 아이들이 어떻게 노는지 궁금하고 그 모습이 보고 싶어서 꾸역꾸역 따라나서는 인간이다. 그래서 처음 아이들을 어린이집에 보냈을 때, 아이들이 굉장히 보고 싶었다. 늘 옆에서 꼬물꼬물 붙어 있던 따뜻하고 말랑한 것들이 없어지니 마음이 허전했다. 그곳에서 어떻게 지내는지 궁금하고, 말은 잘 통하는지 걱정도 됐다. 허락한다면 하루쯤은 어린이집에서 아이가 어떻게 지내는지 보고 싶기도 했다. 그러나 턱도 없는 일이었다.

지인들의 경우를 보면, 한국의 유치원이나 어린이집 선생님들께서는 정성스럽게 아이의 하루하루에 대해 여러 가지 방법으로 알려주시고 사진도 많이 올려주시는 것 같다. 그러나 우리 애들이

다니는 어린이집의 경우, 애가 크게 다친 곳 없이 하루를 잘 보냈으면 그냥 그걸로 끝이다. 서로 과묵하다. 내가 독일어를 잘 못해서 과묵한가 싶었지만, 독일인이고 외국인이고 간에 다 그냥 과묵하다. (그래서 다행이다.)

개인별 알림장 대신 반별로 벽에 조그만 알림판이 붙어 있다. 요일별로 우리 반이 하루하루 어떤 활동을 했는지 간략하게 한두 문장으로 게시해 두는 곳인데, 내 아이가 오늘 뭘 했는지 알 수 있는 정보는 기본적으로 그게 다다. 주로 '오늘은 다른 반에 가서 놀았어요, 다 같이 책을 읽은 뒤 간식을 먹었어요, 밖에서 놀았어요' 정도로, 아이의 일거수일투족이 궁금한 부모 입장에서는 읽으나 마나 한 내용들이다. 그마저도 별로 특별한 일이 없으면 선생님이 한 주 정도 안 쓰고 넘기는 경우가 다반사다.

처음에는 아기자기하게 오가는 게 많은 한국 시스템이 부럽기도 했지만, 그 알림장을 적는 시간이 선생님들께는 큰 부담이자 시간이 많이 소요되는 일임을 알고 욕심을 버렸다. 내가 학부생들을 가르치며 중간 기말 페이퍼나 쪽글에 코멘트를 달아봐서 안다. 일일이 뭔가를 써준다는 게 얼마나 많은 시간과 에너지가 소비되는 일인지를. 나만 해도 내가 할 일이 있을 때와 없을 때, 아이들을 대하는 태도가 상당히 달라진다. 내가 딱히 할 일이 없어서 그냥 아이들과 편히 시간을 보낼 수 있을 때, 나도 아이도 가장 많이 웃게 된다.

선생님들이 그냥 편안한 마음으로 아이들에게 더 관심을 가져 주고 적절히 보살펴 주시는 것, 사실 부모가 가장 바라는 건 그거다. 그리고 나 같은 인간은 그런 알림이 오면 하루에 한 30분 정도는 족히 그것만 들여다보고 있을 인간이기 때문에, 오히려 고마운 시스템이라고 생각하기로 했다. 독일의 무뚝뚝한 시스템이 나의 부모로서의 분리 불안을 조용히 잠재운 것이라고나 할까. 아이들이 가 있는 동안 오롯이 내가 할 일에 집중하면, 아이들이 돌아왔을 때 기꺼운 마음으로 더 새롭게 아이들과 만날 수 있다. 나도 내 새끼의 하루가 궁금하지만, 그렇게 아이의 일거수일투족을 궁금해하며 안달복달하는 것은 부모의 못난 분리 불안이라고 생각하기로 했다.

따로 또 같이

○

나는 무얼 할 때 굉장히 집중하는 편이라 주변 상황에 굉장히 차갑고 무심해진다. 집중력이 좋은 게 아니라 멀티 불능이다. 걸으면서 물을 마실 수 있는 사람들이 세상에서 제일 신기하다. 이 망할 놈의 집중력 때문에 연애 시절 남편이 옆에 왔는데 눈길도 안 돌리고 페이퍼 쓰는 데 집중하다 남편이 크게 상처받은 적이 있고, 지금은 글 쓴다고 아이들을 밀어내 아이들이 상처를 받는지도 모르겠다. 그래서 무의식적으로 밀어내다가도 의식적으로 모두 접고 아이들에게 집중하려고 노력한다.

사실 그들의 참견이 싫지만은 않다. 내가 뭔가를 쓸 때 내 무릎에 올라앉아 워드 프로그램 눈금자에 보이는 숫자를 세는 첫째가 귀엽다. 토실한 엉덩이를 들이밀며 낑낑 올라와서 엄마 무릎에 앉는 순간, 모든 것을 얻었다는 듯 만족한 표정으로 히죽 웃는 둘째의 웃음을 사랑한다.

나는 원래 굳이 함께 무언가를 하지 않아도 그저 같이 있는 시간을 좋아한다. 거실에서 남편은 좋아하는 팟캐스트를 듣고, 나는 글을 쓰고, 큰아이는 좋아하는 메이즈 볼을 하느라 초집중하고, 작은아이는 좋아하는 그림책을 보며 안에 있는 컵케이크를 세고. 이렇게 한 공간에서 각자 자기가 좋아하는 것을 하면서 잔잔히 흘러가는 시간. 이럴 땐 집 안에 옅은 하늘색이나 말간 연두색이 채워지는 느낌이고, 소소히 집 안을 떠다니는 먼지조차도 평온의 입자를 안고 따뜻하게 반짝거리는 것 같다. "내가 뭐 해줄까?" 하고 묻는 남편에게 내가 가장 많이 한 대답이 아마 "그냥 거기, 옆에 있어 줘"였을 거다.

내가 살고 있는 독일은 분리가 빠른 나라다. 14세, 즉 우리나라로 치면 중학교 2학년부터는 보호자가 있다면 함께 맥주나 와인을 마실 수 있다. 16세부터는 보호자 없이도 마실 수 있기 때문에 학교 축제에서 아이들은 거리낌 없이 친구들과 맥주를 마시며 흥겨 위한다. 18세가 성년이기 때문에, 원칙상 고등학생이 부모 동의 없이도 사랑하는 사람과 함께 독립해서 살 수 있는 나라이기도 하다. 말할 때 목소리가 삐약거리는, 아직 기저귀도 떼지 못한 우리 토실이 막내가 약 10년 정도 더 자라 옆에서 맥주를 들이켤 생각을 하면 기분이 이상하다. 그걸 보면 흐뭇할까, 꼴사나울까. 내 눈에는 아이돌 뺨치게 생긴 우리 첫째가 고등학교 때 사랑하는 사람을 만나 집을 나가 살겠다고 하면 마음이 어떠려나.

미국에도 아기 때부터 적절한 분리를 해내는 것을 어떤 사명처럼 생각하는 문화가 있었다. 수면 교육이 특히 그랬다. 미국에서는 부모가 아이들과 함께 잔다는 개념이 없었기에, 안전을 위해서라도 아이들은 무조건 아이 침대에서 자야 했다. 그렇게 배웠고 문화가 그랬던 탓에, 첫아이는 아주 어릴 때부터 자연스럽게 혼자 아기 침대에서 자는 법을 익혔었다. 나는 혼자 자는 아이를 보며 자랑스러움과 뿌듯함을 느끼곤 했다.

둘째가 나고 우리가 독일로 이사를 하면서, 과도기를 거치느라 어쩌다 보니 우리는 다 같이 모여 자게 되었다. 남편이 한두 달 먼저 독일로 가서 살 곳을 마련하고 새 연구소에 적응하는 동안, 나는 백일이 되지 않은 둘째와 한창 호기심 많은 첫째를 혼자 돌볼 수가 없어서 캐나다에 있는 언니네 집에서 잠시 신세를 졌다. 언니의 사랑을 듬뿍 받으며 나와 아이들 모두 뒹굴거리며 한 방에서 놀고, 그러다 잤다.

어쩔 수 없이 뭉치게 되었지만 그 과정에서 나는 오히려 더 큰 기쁨을 느꼈다. 하루 일과를 마치고 꼬맹이들을 양옆에 끼고 누워 있을 때가 참 행복했다. 함께 누워 휴대폰 불빛으로 그림자놀이를 하고, 얼굴을 어루만지고 엉덩이를 토닥거리며 옛날얘기를 들려주기도 했다. 아이의 조그만 손을 쥐고 잠을 청하면, 그 단풍잎 같은 손을 통해 내 몸이 충전이 되는 것 같았다. 신기했다. 내 손안에 온 우주가 든 것 같은 놀랄 만한 충만감이었다.

독일에 와서도 처음에 침대가 제대로 마련되지 않아 함께 자기 시작했다. 그리고 어쩌다 보니 우리는 아직까지도 제대로 된 침대를 사지 않고 있다. 지금의 나는 온 식구가 함께 잠드는 시간을 무척 좋아한다. 캄캄하고 조용한, 잠들기 직전의 시간이 서로에게 가장 집중할 수 있는 시간인 것 같다. 아이들은 아직도 자기 전에 보는 그림자놀이책을 엄청나게 좋아하고, 잠들기 전에 엄마 얼굴을 어루만지며 어리광 부리는 것도 좋아한다. 옆에 누워서 오늘 뭐가 재밌었는지, 내일은 뭐 하고 싶은지 재잘대는 소리를 듣는 것도 즐겁다. 먹보 둘째는 주로 오늘은 뭘 먹었는지, 내일은 뭐가 먹고 싶은지 사서삼경 읊듯 읊어댄다. 이 행복한 시간의 부작용이 있다면 지구과학 시간에 배웠던 단층의 원리를 몸소 체험한다는 것이다. 큰놈은 왼쪽에서, 작은놈은 오른쪽에서 엄마를 밀어대면 나는 자면서 S자로 찌그러지게 된다. 존재하지 않는 엄마의 S라인을 이렇게라도 잡아주려는 그 효심이 지극하다.

글쎄. 아이를 키우는 방식에 있어 딱히 정답은 없다고 생각한다. 혼자 자는 아이를 볼 때 느꼈던 뿌듯함보다 지금의 행복이 나에게는 더 큰 것 같다. 아이들도 엄마 아빠와 낄낄거리다 잠드는 순간을 좋아하고 떨어지지 않으려고 하는데, 나도 행복하고 아이들도 행복하면 뭐 괜찮지 않을까.

사실, 얼마나 예쁜가. 아이들은 얼마나 사랑스러운 눈길과 손길로 나를 바라보고 어루만지는가. 내가 아이를 안고, 아이는 내 얼굴을 두 손으로 어루만지는 시간을 나는 좋아한다. 배시시 웃으며 나를 바라보는 얼굴, 사랑이 가득 담긴 그 작고 반짝이는 눈빛을 나는 오래 기억하고 싶다. 아이들은 자라나서 곧 문을 걸어 잠글 것이다. 아침에 일어나서 눈도 못 뜬 찐빵 같은 얼굴로 엄마를 찾느라 온 집 안을 헤매고 다니는 일도 곧 없어질 것이고, 내가 샤워하는 욕실 앞에서 두 녀석이 진을 치고 기다리는 일도 점차 사라질 것이다.

"어미 본 아기, 물 본 기러기"라는 속담이 있다. 언제 만나도 좋은 사람을 보고 기뻐하는 사람을 이르는 말이란다. 이 찬란한 분리 불안의 시기는 곧 지나겠지만 나는 우리 아이들에게 언제 만나도 좋고 기쁜 사람이었으면 좋겠다. 잘 분리되어 각자 기쁘게 세상을 만나고 다시 또 사랑의 마음으로 가족의 이름으로 연결될 수 있다면 정말 좋겠다. 아이들과 평생 사랑하는 마음을 나누며 살 수 있다면, 얼마나 좋을까.

아이는 늘
까치발을 든다

: 아이의 눈높이와 대붕 이야기

아이는 늘 까치발을 든다. 그 작은 발이 세로로 섰다고 해서 얼마만큼의 세상이 새로 보일지 모르겠지만, 그래도 열심히 까치발로 서서 견과류며 과자, 사탕, 초콜릿 등 까까를 넣어두는 선반 안을, 아이유를 보던 유희열의 눈을 하고 쳐다본다.

나는 키가 작은 편이다. 초등학교 6학년 때까지 평생 클 키가 다 커버렸다. 또래에 비해 유난히 컸던 나를 보고 아빠가 걱정을 조금 하셨는데, 그 말씀을 듣는 순간 효심 깊은 나의 관절은 성장판을 닫아버렸다. 성인이 되어 어릴 적 친구들을 만났을 때, 어렸을 때는 한참 올려다봤는데 지금은 내려다봐야 한다며 친구들은 많이 웃었다.

그래도 아직 내 아이들에게 나는 한참 올려다봐야 할 커다란 사람이다. 크지 않은 엄마지만 아이들은 내게 안기는 것도, 업히는 것도, 내 어깨 위에 앉아 목말 타는 것도 좋아한다. 아이들이 엄마 품에 안기는 것을 좋아하는 것은 친밀감, 포근함이나 안정감 때문이기도 하겠지만, 눈높이가 확 올라가면서 세상이 다르게 보이기 때문이기도 하다. 평소에 보기 어렵던 것들이 일순간에 확 보이는 그 기쁨. 키 작은 엄마는 그 마음을 잘 안다. 부엌 선반의 가장 낮은 층만 지배할 수 있는 저층 마스터인 나는, 작은 디딤판 하나만 딛고 올라서도 눈에 확 들어오는 선반의 중간층을 볼 때 그 별것 아닌 눈높이 차이에서 큰 희열을 느낀다.

같은 세상 속 다른 풍경

◦

내 아이 키 높이에서 이게 보이려나?

많은 엄마 아빠들이 무슨 이유로든 한 번쯤은 허리를 굽히거나 무릎을 꺾어 시선을 낮춰본 적이 있을 것이다. 주로 부엌 작업대 뒤쪽에 아이들이 먹지 못하게 당장은 숨기고 싶은 케이크를 올려놓아야 할 경우, 나는 절박한 심정으로 시선을 낮춰본다.

한번은 그렇게 시선을 낮춰보다가 깨달았다.

아, 그래서 요리할 때 위험하다고 옆에 오지 말라고 하는데도 요 녀석들이 자꾸 의자를 놓고 와보는구나. 아, 그래서 자꾸 까치발로 서서 컵을 내리다가 다 쏟는구나.

조리대 위에 놓인 냄비며 컵들을 밑에서 바라보니, 저기에 대체 뭐가 들었는지 정말 너무 궁금하게 보였다. 나는 이미 저 안에 뭐가 들었는지 다 알고 있는데. 다 내가 넣은 것들인데. 그런데도 새삼 다시 들여다보고 싶게 생긴 이상한 나라의 냄비들.

아, 그래서 그랬구나.

첫아이가 아장아장 걸을 무렵 아이와 함께 낮은 걸음으로 동네를 산책해 본 적이 있다. 그저 쪼그려 앉았을 뿐인데, 갑자기 팀 버튼의 영화 속 세상에 들어온 것처럼 나를 둘러싼 풍경이 신기하게 변했다. 야트막한 덤불이 가로수가 되고, 길바닥에 떨어진 무용하게 반짝이는 것들이 눈에 쏙쏙 들어오는 경험. 과연 발밑을 지나가는 개미는 너무 선명하게 잘 보여서 잠시 걸음을 멈추고 지켜보지 않을 수 없었던 것이다. 집까지 저 먹이를 잘 물고 가는지, 나도 당장에 너무나 궁금해지는 것.

저 돌은 색이 참 예쁘네, 보석 같다. 저 젤리 곰은 누가 흘리고 갔을까, 되게 깨끗해 보이는데. 수십 번도 넘게 산책했던 길인데 굉장히 다른 길이 되었다. 그리고 나는 우리 아이가 십 미터를 가는 데 왜 오 분이 걸리는지, 왜 이 작은 인간은 시속 1.2킬로미터의 속도로 움직이는지 너무나 즐겁게 이해할 수 있었다. 개미 왕국 버전의 찰리 채플린 영화도 봐야 하고, 슈퍼마리오가 된 느낌으로 길에서 반짝이는 것들을 하나하나 클리어해야 했기 때문이다.

물론 나의 흐물흐물 해파리 같은 근육이 받쳐주지 못해 쪼그려 걷기를 오래 할 수는 없었다. 하지만 이곳저곳에서 그냥 잠시 쪼그려 앉아서 세상을 보아도 좋았다. 기껏해야 내 허리춤에나 닿을 회양목이 제법 그럴듯한 한 그루의 나무처럼 느껴지는 곳에서 아이와 눈을 맞추고 바라보는 세상은 경이로웠다. 시간이 흐르는 속도도 다른 것 같은 세상.

물론 여유가 있어야 가능한 일이다. 갈 길이 바빠 죽겠는데 개미 왕국의 교통체증이나 무당벌레들의 치정극 따위. 하지만 무릎한 번 굽힐 여유가 있다면 색다른 세상을 맛볼 수 있을 것이기에. 그리고 바쁜 등원 길, 내 마음도 몰라주고 초속 1센티미터로 움직이는 아이들의 마음을 손톱만큼은 이해할 수 있게 될 것이기에.

다른 세상에서 살고 있는 존재들을 이해하는 방법

◦

장강명의 연작 소설 《뤼미에르 피플》의 〈803호 명견 패스〉에는 키가 138.2센티미터인 왜소증 여주인공이 나온다. 그녀가 사는 세상은 우리가 사는 세상과 같지만, 그녀가 보는 세상은 우리가 보는 세상과 다르다. 그녀는 사람들의 허리와 궁둥이들로 이루어진 세계 속을 걸어 다닌다. 큰아이가 이제 100센티미터를 갓 넘겼으니, 내 아이들의 세계는 그보다 더 아래에 있다. 내 아이들도 분명 나와 같은 세상에 살고 있지만, 아이들이 매일 보고 느끼는 세상은 나의 세상과는 크게 다를 것이다. 즉, 아이들과 내가 비록 같은 집에 살고 있다 해도, 그 집 안에서 우리가 사는 세계는 각각 전혀 다른 세계다.

어렸을 때 다니던 초등학교에 가본 적이 있다. 전학을 가기 전 학교니까 내가 정말 어렸을 때 다니던 학교인데, 어쩐지 기억과는 사뭇 다른 공간이었다. 정말 크고 넓은 길을 꽤 오래 걸어서 학교에 다녔다고 생각했는데, 그런 길은 어디에도 없었다. 그 동네에는 그저 아담하고 좁은 길들만 가득했다. 어린 내게 산처럼 아찔하게 느껴졌던 경사는 그저 약간 비스듬한 비탈길일 뿐이었고, 한강이라도 건너듯 큰마음을 먹고 건너야 했던 세상 무섭던 건널목은 몇 걸음이면 건너지는 작디작은 도로였다. 작은 산 같은 걸 넘어 다녔다고 생각했던 피아노 학원 가는 길도 아마 그저 작은 언덕이 있을 뿐이었겠지.

아이들을 어린이집에 데려다주면서 생각한다. 이 아이들에게도 지금 이 샛길이 왕복 4차선 도로처럼 느껴질까. 어린 시절의 나처럼, 지금 이 아이들도 작은 이 비탈을 산처럼 느끼고 있을까.

내 엉덩이와 허벅지 아래에서 펼쳐지는 아이들의 세상을 보며 나는 《장자》의 〈소요유逍遙遊〉 편에 나오는 대붕과 메추라기를 떠올린다. 장자는 대붕과 메추라기의 대조를 통해 많은 것을 함축하는데, 그중 내가 아이들의 세계와 관련해서 떠올리는 부분은 바로 메추라기가 살아가는 세계, 지면과 아주 가까운 그 세계다. 장자는 내가 정말 좋아하는 철학자인데, 세상에 이렇게 힙한 할아버지가 있을 수가 없다. 여러 이유로 좋아하지만, 무엇보다 철학을 재미있는 이야기처럼 들려주는 그 방식을 참 좋아한다. 내가 내 머리에 든 철학적 부스러기들을 담아 말랑말랑하게 일상의 이야기를 써보고 싶어 하는 것도 그런 맥락이긴 한데, 장자가 대붕이라면 나는 메추리알이나 되려는지 모르겠다.

잠깐 《장자》 속 이야기를 들여다보자.

대붕은 북쪽 바다에 살던 '곤鯤'이라는 물고기가 변해서 된 새인데, 그 등짝만 해도 몇 천 리인지를 알지 못할 정도로 크다. 이 '붕鵬'(어감이 이상해서 미안하다, 붕아)이 남쪽 바다로 여행하려고 마음을 먹자, 메추라기가 대붕이 나는 것을 비웃으며 한마디 한다.

"저놈은 어디로 가려고 생각하는가? 나는 뛰어서 위로 날며, 수십 길에 이르기 전에 숲 풀 사이에서 날개를 자유로이 퍼덕거린다. 그것이 우리가 날 수 있는 가장 높은 것인데, 그는 어디로 가려고 생각하는가?"

'우리가 날 수 있는 가장 높은 높이.'

메추라기는 보다시피 숲속 풀 사이에서, 뛰어서 위로 날 수 있는 그들만의 한계 속에서 살아가고 있다. 삐약삐약 귀여운 내 아이들은 메추라기다. 아이들에게는 까치발을 들고 간식 선반을 들여다보는 것, 낑낑대며 의자를 가져와 그 위에 올라서서 냄비 안을 들여다보는 것이 그들이 닿을 수 있는 가장 높은 높이다. 한참을 올려다봐야 하는 엄마나 그보다 더 올려다봐야 하는 아빠는, 아이들의 눈에 아마 대붕처럼 큰 사람일 것이다.

메추라기들은 하늘에 있는 대붕을 이해하기 어렵다. 하지만 반대로 대붕은 메추라기를 이해할 수 있다. 하늘 높이 날고 있는 대붕은 땅을 내려다보며 메추라기가 살아가는 모습을 보고, 그들의 가능성과 한계를 인식할 수 있기 때문이다. 무엇보다 대붕은 바다에 살던 물고기 출신이다. 한때는 메추라기보다 더 낮은 곳에서 살고 있던 존재다. 그러므로 낮은 곳에서 산다는 것이 어떤 것인지 알고 있다.

부모들은 대붕처럼 아이를 내려다보며 아이들의 가능성과 한계를 매일 확인한다. 늘 아이를 내려다보기에 내 아이가 얼마만큼 손과 마음과 생각을 뻗칠 수 있는지 가장 잘 알고 있는 사람들이 부모다. 한데 나는 내 아이보다 조그마했던 내 메추라기 시절의 눈과 마음을 자꾸 잊는다. 키가 이삼십 센티미터 남짓 더 커버렸다고 예전 초등학교가 낯설게 느껴지는 어른들에게는 메추라기 시절의 기억들이 모두 어디론가 증발해 버린 느낌이 드는 것이다. 하지만 사실 그때의 마음, 그때 바라보던 세상, 그때 가졌던 작은 열망들은 모두 자신 안에 있다. 붕은 애초에 곤이었고, 세상 그 어느 어른도 날 때부터 어른은 아니었기 때문이다.

내 아이가 몰래 뭔가를 감추고 싶어 할 때, 아이가 이해할 수 없는 행동을 할 때, 나는 내 안 어딘가에 잠들어 있을 곤을 찾아보려 애쓴다. 나도 분명 저런 눈빛을 하고 콩닥거리며 엄마를 보던 때가 있었는데. 나도 친구랑 더 놀고 싶어서 비슷한 행동으로 어른들을 당황시키던 때가 있었는데. 그 어린 나를 바라볼 수 있다면, 그때의 시선을 기억할 수 있다면, 삶의 많은 순간순간 우리는 굳어진 얼굴을 풀고 아이들과 함께 웃을 수 있으리라고 생각한다.

메추라기들의 세상에서 느리게 걷기

○

내가 혼자 5분이면 얼추 도착하는 거리를 아이들과 함께 가노라면 30분이 넘게 걸린다. 큰놈은 집집마다 붙은 번지수를 확인하느라 다른 골목으로 들어가기 일쑤고, 작은놈은 길바닥에 굴러다니는 사과를 비탈진 경사에 가지고 올라가서 데굴데굴 굴려야 한다. 물론 깔끔하게 딱 한 번만 굴리면 얼마나 좋을까 말이다. 어린이집과 이웃한 성당에, 울타리처럼 둘러진 작은 덤불에는 봄이면 유난히 무당벌레들이 많다. 시간 맞춰 오븐에 빵 반죽을 넣고 나온 날, 큰 녀석이 길바닥에 주저앉아 무당벌레 개수를 세기 시작하는 날에는 뒷목을 잡아야 한다.

하지만 시계보다는 아이들의 즐거워하는 얼굴을 보기로 했다. 사실, 볼 것이 많고 즐길 것이 많은 길이지만 내가 아이들처럼 즐기지 못할 따름이다. 봄이면 민들레 홀씨를 후후 불다 풀꽃을 따서 작은 손에 그러쥐고 돌아오고, 여름이면 철망 너머로 송아지가 풀 먹는 모습을 한참 구경할 수 있는 길. 가을이면 굴러다니는 사과 중에서 예쁜 것을 골라 주머니에 넣고 키 큰 옥수수가 늘어선 밭고랑 사이를 질주해 돌아오고, 겨울이면 여기저기 얼어붙은 얼음을 발로 깨느라 즐거운 길. 아이들에게서 느리게 걷기를 배운다고 생각하면 나도 행복하다. 느리게 걷기의 달인들이 곁에 산다는 것은 속도감에 지친 어른들에게는 큰 행운인 것이다.

아이들에게는 엄마가 대붕처럼 보이겠지만 아이들은 곧 나보다 더 큰 대붕이 되어 세상을 내려다볼 것이다. 가끔은 그들의 머리 위에서 대붕처럼 아이들의 가능성과 한계를 내려다보면서, 때로는 같이 메추라기가 되어 풀숲에서 뛰놀면서, 그렇게 지내다 보면 훌쩍 자란 대붕들이 엄마의 삶을 내려다보며 미소 지을 날이 오겠지.

알고 있다. 말처럼 쉽지는 않을 거라는 것. 대붕은커녕 회중시계를 보며 "바쁘다 바빠"를 연발하는 이상한 나라의 흰 토끼가 되는 날이 더 많을지도 모르고, 가끔은 짜증이 대폭발하는 어둠의 흑룡으로 변신해서 아이들에게 불을 뿜기도 할 거라는 것. 그리고 무엇보다도, 이 엄마 역시 시대의 바람을 타고 큰 날개로 날며 아래를 바라보는 여러 대붕들 밑에서 파닥거리며 살고 있는 한 마리 메추라기라는 것을 잘 안다.

우리는 모두 '우리가 날 수 있는 가장 높은 높이'로 이루어진 세계에서 산다. 그리고 그 높이는 늘 상대적이다. 아이들에게는 대붕 같은 엄마지만, 다른 기준에서 보면 나 역시 그저 한 마리 메추라기인 것처럼. 그러므로 상대의 높이에 다정한 마음으로 시선을 두는 일은, 우리가 함께 살아가기 위해 꼭 필요한 일이다. 그리고 그렇게 시선을 바꿔보는 일은 의외로 재미있다. 전망대에 올라 바라보는 세상이, 물구나무를 선 채 거꾸로 바라보는 세상이 재미있듯이.

우리들이 가진 그 다양한 높낮이가 악보의 멜로디처럼 아름다운 조화를 이루며 살 수 있다면 좋겠다.

아이를 통해
세상을 봅니다

남의 아이와
비교하기

: 클레의 그림으로 루소를 읽다

벌써 뛰어다녀요?

o

백일이 된 아이를 데리고 처음으로 한국에 갔었다. 고국에 계신 부모님들께 아기를 보여드리고 싶어서. 그 뒤로 아이를 데리고 두세 번쯤 더 간 것 같다. 맨 마지막으로 갔을 때는 첫째가 세 살이었다. 독일은 애고 어른이고 여덟 시면 자는 집이 수두룩했기에 아이는 독일에서 겪을 수 없는 밤 문화에 크게 감격한 듯했다. 밤에도 여는 가게가 있다는 것을 알고는 자꾸 편의점에 가자고 졸랐고, 거만한 표정으로 편의점에서 산 바나나 우유를 입에 물고 한 손은 주머니에 찔러 넣은 채 스웩 넘치게 네온사인이 반짝이는 서울의 밤거리를 활보했다.

기본적으로 정 많은 한국 아주머니들을 사랑스럽다고 생각하는 편이지만, 외국에서 아기를 낳아 키우다가 한국에 데려갔을 때 가끔 느꼈던 당황스러움이 있다. 미국 할머니들은 지나가는 유아차를 불러 세우는 일이 별로 없었다. 간혹 있더라도 그건 그들이 가던 발걸음을 멈추고 너무나 사랑스러운 눈길로 내 아이를 쳐다보며 미소 짓기 때문에, 그 마음에 응답하고자 아기 얼굴을 잠깐 보여주려고 내가 멈추는 경우였다. 독일 할머니들도 마찬가지였다. 조용히 지나치거나, 아이를 보며 미소 지었다.

반면에 한국에서는 덮개로 유아차를 가리고 있는데도 그 덮개를 활짝 열어보는 아주 거침없는 할머니들이 계셔서 이 늙은 엄마를 당황케 했다. 의례적인 절차로 아기의 개월 수를 확인하게 되면 우리 손자, 손녀와의 즐거운 비교가 시작되었다.

이 집 아가는 우리 손녀보다 머리숱은 훨씬 많은데 눈은 작네.

(제 눈과 머리숱을 보시지요, 할머님.)

이 집 아가는 이가 몇 개나 났나.

(위아래로 여섯 개 나서 수유할 때 극한의 공포를 느낍니다, 할머님.)

우리 아이가, 우리 손자 손녀가 귀엽고 예뻐서 그러는 걸로 좋게 생각할 수 있는 거였다. 나도 좋은 마음으로 받고 칭찬하면서 함께 공감해 주곤 했다.

그러다 엘리베이터를 탔다. 계절이 여름이었으니 아이가 제법 컸을 때다. 우리 첫째는 말띠라 그런가, 망아지처럼 무지하게 뛰어다닌다. 별로 기지도 않고 일찍 걷기 시작했는데, 뜀박질의 기쁨을 알고 나서는 짧은 다리로 미친 듯이 질주를 시작했다. 그날도 시차 적응에 실패하고 새벽 댓바람부터 단지 내 놀이터에서 질주하다가, 집에 가자는 재촉에 엘리베이터 안으로 질주해 들어간 참이었다.

우리 아이의 개월 수를 확인하시는 한 할머님. "아이구, 벌써 뛰어다녀요?" 하는 질문과 함께 또래 아기를 안고 옆에 서 있는 여성, 즉 따님이나 며느님으로 추정되는 분께서 의문의 옆구리 공격을 당하셨다. 공격을 당한 옆구리의 소지자분께서는 민망함과 씁쓸함을 양념 반 후라이드 반처럼 버무린 표정으로 나를 향해 어색하게 웃었다. 우리 애가 뛰는데 그분의 옆구리는 왜 공격을 당해야 했을까.

벌거벗은 두 인간의 만남

o

내가 좋아하는 파울 클레의 작품. 처음에 이 작품을 흘끗 보았을 때, 나는 홉스의 자연 상태state of nature를 떠올렸다. 두 발가벗은 원시인이 마주 보고 레슬링이라도 하려는 듯 서로에게 덤벼들기 직

파울 클레, 〈상대의 지위가 더 높다고 믿는 두 사람의 만남 Two Men Meet, Each Believing the Other to be of Higher Rank, 1903〉

전의 모습 같았다. 배경도 문명의 손길이 전혀 느껴지지 않는 황량한 황무지. 그래서 《리바이어던》의 유명한 구절, "만인의 만인에 대한 투쟁"을 떠올렸다.

하지만 자세히 들여다보니 뭔가 이상했다. 둘은 서로의 표정을 살피며 입꼬리를 살짝 올리고 미소를 짓는 것 같았다. 상대의 경계를 풀기 위해 웃으면서 다가가 한 대 칠 수도 있지,라고 생각해 보지만 그러기엔 손끝이 너무 곱게 모여 있다. 덤빌 생각이라면 손끝을 날카롭게 세우거나 주먹을 쥐고 있을 텐데, 이 팔의 각도는 한 방을 날리려고 잔뜩 웅크린 각도가 아니라 사람들이 춤추기 전에 서로에게 인사하는 듯한 우아한 각도다. 게다가 손질한 것이 분명해 보이는 머리와 수염의 모습. 오, 나에게는 반전을 주는 결정적 힌트였다. 이들은 원시인이 아니라 문명의 세례를 받은 인간들, 즉 수염과 머리를 정성 들여 손질하는 인간들인데, 어떤 알 수 없는 이유로 이런 황량한 곳에서 벌거벗고 마주친 것이다.

작품 밑 제목을 보니 더욱 확실했다. 알몸의 두 사람이 만났는데, 상대가 더 높은 지위일 것으로 믿고는 어색하고 야릇한 웃음을 지으며 서로 공손하게 절을 하고 있는 모습이었던 것이다. 홉스의 자연 상태인 줄 알았는데, 갑자기 루소의 자연 상태로 탈바꿈되는 순간이었다.

자연 상태라는 것은 실제 우리 인류 역사의 한 순간이 아니라, 철학자들이 고안해 낸 상상의 시공간이다. 사회나 국가가 어떻게 생겨나는지 설명하기 위해 그 이전의 모습을 상상해 보는 것인데, 대표적으로 홉스, 로크, 루소가 각각 다른 자연 상태를 가정하고 그 위에서 다른 논리를 펼친다. 내가 루소의 자연 상태에 대한 얘기를 하려는 것은, 이것이 아까 그 억울하게 맞은 옆구리와 관련 있기 때문이다. 내가 우리나라 부모님들에게 꼭 소개해 주고 싶은 분. 바로 장 자크 루소 아저씨다.

인간은 어떻게 불평등해지는가

○

1753년, 프랑스의 디종 아카데미에서 '인간 불평등의 기원은 무엇인가'라는 주제로 상금을 걸고 논문을 공모했다. 원래 주제는 "인간 불평등의 기원은 무엇이며, 불평등은 자연법에 의해 허용되는가"인데 자연법까지 담기엔 글이 너무 길어질 것 같아 앞부분에만 초점을 두려 한다. 이 근사한 질문에 루소는 패러독스 넘치는 매력적인 문장들로 톡 쏘는 답변을 제시하는데, 이것이 바로《인간 불평등 기원론》으로 알려진 루소의 저작이다. 주어진 질문에 대한 루소의 답변을 간단히 말하자면 이렇다. "인간들이 모여 살고 서로 비교하기 시작하면서 인간들 사이에 불평등이 싹튼다."

루소에 따르면 자연 상태에는 루소가 '고귀한 야만인noble savage' 이라고 부르는 미개인들이 제각기 흩어져서 살고 있는데, 이들 사이에는 자연적, 신체적 불평등이 존재한다. 쉽게 말하면 다 다르게 생겼다는 것이다. 눈이 큰 사람, 눈이 작은 사람, 머리숱이 많은 사람, 머리숱이 적은 사람, 배가 좀 나온 사람, 마른 사람. 능력도 다르다. 시력이 남들보다 좋아서 사과나무를 더 잘 발견하는 사람과 그렇지 못한 사람, 남들보다 빨라서 사과나무까지 더 잘 뛰어가는 사람과 그렇지 못한 사람, 이렇게 자연적인 능력의 차이가 존재하는 것이다.

그러다가 어떤 이유로 이 야만인들이 서로 만나서 모여 살게 된다. 루소는 이들이 어떤 연유로 모여 살게 되었는지에는 별 관심이 없고, 이들이 모여 살면 어떤 일이 일어나는가에 더 관심이 있었다. (아, 뭐 지나가다 만났겠지.) 루소에 따르면, 사람들이 모여 살면서 아까 말했던 자연적, 신체적 불평등이 도덕적, 정치적 불평등으로 변한다.

도덕적, 정치적 불평등이 된다는 건 이런 거다. 그저 '차이'였을 뿐인 것들이 사회 안에서 어떤 주관적 의미를 갖게 되고, 사람을 '차별'하는 기준으로 바뀌는 것. 예를 들면, 원래는 그냥 눈이 큰 사람이었고 거기에 아무 뜻도 없었는데 "저 사람은 눈이 크기 때문에 더 예쁘네"가 되고, 원래는 그냥 달리기가 좀 빠를 뿐이었는데 "저 사람은 달리기가 빠르니 정말 멋지다"가 되는 것. 즉 나보다 더 월등한 인간이 되는 것이고, 부러움의 대상이 되는 것이다.

이 차이가 사회적 의미를 갖게 되는 객관적 기준은 없다. 사실 굉장히 주관적이다. 한때 중국에는 여성의 발이 기이할 정도로 작은 것을 아름답다고 여겨 전족이 유행했고, 치앙마이 북부 산악 지대에 살고 있는 카렌족은 목이 길어야 미인이라 생각해 아직도 목에 겹겹이 두꺼운 링을 하고 있다. 한 여인은 목 길이가 자그마치 40센티미터로 기네스북에 올랐다고. 내 기억으로는 예전 우리 사회에서 작은 머리와 큰 가슴은 그다지 좋은 것으로 여겨지지 않았다. 머리가 작으면 지능이 낮을 거라고 놀렸고, 가슴이 크면 둔하고 미련하다는 소리를 들었다. 그런데 지금은 머리가 크고 가슴이 작은 사람들이 왠지 슬퍼지는 세상이 되어버렸다.

인간들이 불행해지는 이유

o

인간들이 모여 살게 되면 신체적 차이와 능력의 차이가 확연히 눈에 띄게 된다. 사람들 생각에 더 아름답고, 더 강하고, 더 노래를 잘 부르고, 더 춤을 잘 추는 사람들이 눈에 띄고 이들이 인정을 받게 된다. 오징어가 한 마리면 그냥 오징어가 있나 보다 하지만, 여러 마리가 있을 땐 같은 오징어라도 매끈한 오징어가 예뻐 보인달까. 그러면 모두의 마음속에 남보다 돋보이고 싶고 인정받고 싶은 욕망이 생겨난다. 이것이 루소가 말하는 허영amour propre인데, 자연 상태에서 순수하게 가졌던 자기애amour de soi가 이렇게 사회 안에서 허영심으로 바뀌면서 인간들의 불행이 시작된다.

이게 왜 불행이냐면, 이 투쟁은 남들에게 인정을 받기 위한 투쟁이기 때문이다. 허영심은 나에 대한 판단이 나의 내부로부터 오는 것이 아니라 나와 비교되는 다른 이들, 즉 외부로부터 온다. 내가 스스로 아무리 예쁘다고 생각해 봤자 남이 그렇게 인정하지 않으면 나의 허영심은 채워지지 않는다. 따라서 더 사랑받고 더 인정받기 위해서 본래의 나와는 다르게 나를 꾸며야 하므로 나의 내면과 외면이 달라지는 상황, 즉 가면을 쓰는 '자기 분열의 상황'이 초

래된다. 내 약점은 숨기고, 남들이 좋고 예쁘다고 생각하는 방향으로 나를 꾸미게 되는 것이다. 그러다 결국 "나도 내가 누구였는지도 잘 모르게 됐어, 거울에다 지껄여봐 너는 대체 누구니"(BTS의 〈FAKE LOVE〉에서) 하게 되는 것.

더 중요한 것은, 루소에 따르면 허영심은 절대적 기준보다는 관계적으로 구성되는 기준에 근거한다는 점이다. 절대평가가 아니고 상대평가다. 쉽게 말하자면 내가 여기에서 저기까지 10초에 뛸 수 있는 게 중요한 게 아니라, 15초가 걸리더라도 내 옆에 있는 '저 자식'보다 잘 뛰는 게 중요한 것이다. 따라서 내 기록을 단축하는 것이 중요한 게 아니라, 상대와 나와의 거리를 최대한 벌리는 것이 중요해진다.

상대와의 거리를 벌리는 방법에는 두 가지가 있다. 내가 하체운동을 열심히 하고 연습을 많이 해서 저 친구보다 빨리 뛰든지, 아니면 저 친구가 다리를 다쳐서 잘 못 뛰게 되든지. 두 번째 방법에서 좀 섬뜩함을 느꼈다면 감이 좋으신 분들이다. 루소는 이 허영심이 인간들로 하여금 타인에게 적극적 위해를 가할 충분한 동기를 제공한다고 보기 때문이다. 즉, 나보다 뜀박질을 잘하는 저 자식의 다리몽둥이를 분지르게 되는 것이다. 결국 홉스처럼 서로가 서로에게 해를 가하는, 만인의 만인에 대한 투쟁 비슷한 상황이 만들어지는 것이다.

비교하면 불행해지고, 서로를 해하게 된다. 비교당함으로써, 그분의 얼굴 표정은 불편해졌고, 그분의 옆구리는 가격을 당했던 것이다. 애가 좀 빨리 걷고 빨리 뛰는 게 무슨 대수라고. 루소는 그렇게 인간 사회가 타락한다고 했다. 그 안에서는 아무도 자유롭지 못하며, 결국 자기마저도 파괴하는 악순환만 계속된다고.

이제 앞서 등장했던 클레의 작품 속 벌거벗고 마주친 두 사람을 새로운 눈으로 다시 살펴보자. 자연 그대로의 배경 속에서 전혀 자연스럽지 않은 두 사람. 억지로 자신을 낮추려고 하고 있다. 겸손의 표현이 아니라, 왠지 낮춰야만 내가 살 것 같다는 느낌에서 낮추는 중이다. 저 사람이 사회로 돌아가서 자기 신분의 옷을 걸쳐 입으면 그 옷이 왕의 화려한 로브일지, 귀족의 부드러운 비단옷일지, 평민의 거친 작업복일지, 아니면 노예의 허름한 누더기 옷일지 알 수 없기 때문이다.

문명의 세심한 손길을 거친 인간들이지만, 이렇게 비굴하게 수그리고 있는 그들의 모습은 굉장히 야만적이다. 인간이 만든 사회 안에 조직화된 신분과 계급은 이렇게 인간을 우습고 비참하게 만드는 것이다. 저들이 문명사회 이전의 야만인, 루소가 말하는 고귀한 야만인이었다면 그냥 당당하게 가슴을 펴고 서로를 무심히 지나쳐 갔을 텐데. 클레의 작품은 이렇게 루소가 개탄했던 타락한 인간 사회의 모습을 정적인 스냅숏으로 잘 표현하고 있다. 장면은 정적이지만 저 둘의 마음속은 심하게 요동치고 있다.

헤어스타일과 수염으로 보건대 저 둘은 각각 프로이센의 빌헬름 2세와 오스트리아의 프란츠 요제프 1세를 표현한 것이라고 한다. 당시의 유럽 상황에 대한 클레 특유의 위트가 들어가 있는 것이다. 황제 혹은 왕. 인간 사회에서 가장 고귀한 인간으로 칭송받는 자들이 서로 비굴하게 고개를 숙이고 있는 우습고도 슬픈 모습. 루소가 인간 사회를 돌아보며 느꼈던 슬픈 감정이 아마 이런 것이 아니었을까. 그렇기에 루소가 야만인 앞에 '고귀하다'는 형용사를 부러 붙인 건지도 모르겠다. 루소의 야만인들은 고귀했으나 그림 속의 고귀한 왕들은 야만적이다.

비교와 허영심의 사회

○

작품에서 눈을 들어 현재 우리의 모습을 돌아보면, 역시 슬프다. 신분제가 사라져 노비 언년이와 최 참판댁 주인마님은 없어졌지만 오늘날의 한국 사회는 금수저와 흙수저라는 새로운 숟가락 신분제를 자조적으로 구성 중이다. 엄친아라는 신조어가 떠오르던 시절, 이 말이 그토록 각광받았던 것은 삼천리 방방곡곡의 아들 딸들이 그렇게 무수하게 비교질을 당했기 때문이다. 자매품으로 여자 친구 친구의 남자 친구(침 뛴다), 아내 친구의 남편도 존재한다고 한다. 듣기만 해도 스트레스가 해맑게 밀려온다.

한편, 테크놀로지의 발달로 허영심의 표출은 새로운 날개를 달았다. 타인과의 간극을 한없이 벌리고 싶어 하는 인간들에게 인터넷은 효과적인 신무기다. 공작새가 꼬리를 펼치듯 이들이 허영심을 동서남북으로 활짝 펼쳐대면, 가지지 못한 자들은 그것을 부러움 섞인 눈으로 바라본다. '좋아요'를 누르면서도 때로는 절망하고, '부러워요'라는 답글을 달면서 마음속에 미움의 씨앗을 몰래 키워 간다. 문제는, 이게 루소가 말한 대로 타인의 인정을 받기 위한 가면일 수 있다는 점이다. 소셜 미디어에 올라오는 그 모든 반짝이는 행복한 순간들만이 그들의 삶일 리가 없다.

아이들은 아이들 나름대로 어려서부터 부모의 인정을 받겠다는 인정투쟁을 시작한다. 물론 부모의 사랑과 인정을 듬뿍 받으며 건강하고 행복하게 자랄 수도 있지만, 많은 경우 삐끗거리게 된다. 나만 해도 그렇다. 돌아보면, 철 들기 전의 나는 엄마 아빠의 웃는 얼굴을 보기 위해 '올백'에 지나치게 집착했던 아이였다. 답을 맞히는 게 재미있기는 했지만 마냥 즐겁지는 않았다. 뭘 배웠는지보다 몇 개를 틀렸는지가 더 중요했다. 공부를 못하면 못해서 힘들고, 잘하면 잘해서 힘든 세상이었다. 형제 중에 누가 엄마한테 혼나고 있으면, 나는 그 상황에서 상대를 변호하거나 공감할 생각 따윈 안 하고 조용히 혼자 가서 공부하는 척을 했다. 지금 내가 생각해도 얄밉다. 어린 마음에도 형제에 대한 공감보다는 부모님께 사랑을 받겠다는 나만의 인정욕구가 앞섰던 것이다.

인정받고 싶은 마음, 성적을 올리고 싶어 하는 마음은 종종 작은 거짓을 만들어내기도 한다. 학생으로 살아가야 할 날들이 앞으로 수두룩 빽빽한데 어렸을 때부터 거짓 점수 위에 잘못 올라앉아 버리는 게 얼마나 불행한 일인지, 앞으로 얼마나 더 큰 거짓을 만들며 괴로워해야 하는지, 처음의 그 작은 거짓을 만들어낼 때는 미처 모른다. 그렇게 차곡차곡 거짓말을 쌓아가다 보면 나중에는 자신의 인생 전체가 거짓말 위에 올라앉은 느낌이 들기 마련이다. 그러면 얼마나 삶이 허무해질 것인가. 부정행위라든가 시험지 유출 같은 얘기를 들을 때마다 그 아이들의 마음을 헤아려보자면 가슴이 꽉 막힌 것처럼 답답해진다.

어른들의 허영심은 분명 아이들에게 영향을 미친다. 부모들의 허영심이 백지 같은 아이들에게 그대로 투영되는 경우도 적지 않다. 해가 포근하던 어느 여름, 나는 휴양지의 모래사장에서 노란 원피스를 입은 귀여운 여자아이를 만난 적이 있다. 아이는 모래로 토닥토닥 집을 지으면서 조그만 입으로 참새같이 노래를 부르기 시작했다.

"두껍아 두껍아 헌 집 줄게 아파트 다오. 아파트 줄게 주상복합 다오."

어이쿠. 모래가 갑자기 입 안에 들어온 것처럼 깔깔했다. 내가 귓구멍이 막혀서 뭘 잘못 들었겠지 싶은 마음이었다.

"당신이 사는 곳이 당신을 말해줍니다"라는 모 건설사의 광고

문구가 유행한 적이 있다. 그냥 좋은 곳에 살아서 내가 너무 좋다고 하면 누가 뭐라 할까. 이런 분들이 그냥 거기서 기쁘게 사시면 되는데 주변을 돌아보며 휴거, 월거지, 전거지 같은 이상한 말들을 만들어낸다. 국민 임대 아파트인 '휴×××에 사는 거지'라는 뜻이라니, 그야말로 휴거가 일어날 일이다. 같이 지어진 아파트인데도 임대 동은 화재 시 탈출구가 막혀 있다거나, 아이들마저 놀이터를 사용하지 못하게 한다는 따위의 뉴스가 보도될 때마다 기가 막히고 코가 막혀서 없던 비염이 다 생길 지경이다. 생각해 보자. VIP도 모자라서 VVIP, VVVIP를 만들어내는 사회에서 VVVIP가 보기에는 VIP도 거지다. VVVIP라니, 무슨 빅토리아 비비안느 비비빅 3세도 아니고 뭐가 이렇게 베리베리베리 중요하실까.

우리 사회에 이토록 혐오의 정서가 짙게 깔린 데에는, 작은 땅덩어리에 모여 살면서 비교하기 좋아하는 습성이 크게 한몫하는 것 같다. 빈부격차는 갈수록 심해지는데, 위는 아래와 끊임없이 격차를 벌리고 싶어 한다. 그 와중에 위는 아래를, 아래는 위를 혐오하고 있는 모습을 일상적으로 본다. 루소의 말을 빌리자면, 우리는 좁은 땅에 모여 살기 시작하면서 비교를 습관화했고, 끊임없이 격차를 벌리려고 했고, 그 결과 혐오가 가득한 사회로 타락해 버린 것이다. 내가 1등인 사회, 그렇지만 혐오가 가득한 비정한 사회에서 살고 싶은가? 내 아이가 최상위 계급에서 다른 모든 아이들을 발밑에 두고 그들과의 격차를 한없이 벌렸으면 하는 그런 부모들이 있다면, 루소를 한번 떠올려보면 좋겠다. 그런 것은 바로 자기 자신과 아이를 파괴하는 악순환이 될 뿐이라는 루소의 말을.

공정한 절차, 선의의 경쟁을 통해 맨 앞에 서는 것은 아름다운 일이다. 그러니까 남과의 격차를 벌리는 두 가지 방법 중에서 첫 번째 방법, 스스로 운동을 열심히 했고, 달리는 게 즐거워서 연습을 많이 했고, 그래서 친구들보다 잘 달리게 되었다면 그걸 대체 누가 뭐라고 하겠는가. (물론 여기에서는 '스스로' '즐거워서' 했다는 것이 중요하다. 그게 아니면 사실 두 번째 방법과 다를 바 없다.)

그러나 두 번째 방법으로 은근슬쩍 눈을 돌린다면, 우리는 틀림없이 불행해진다. 친구란 늘 비교의 대상이며 틈이 보이면 남들을 밟고 올라서야 한다고 말하는 순간, 아이에게 친구가 하나씩 사라질 수도 있다는 사실을 우리는 심각하게 생각해야 한다. 친구 없는 삶 그거 되게 재미없을 텐데.

딸을 위한 시

○

인간으로 태어나 이렇게 옹기종기 모여 사는 이상, 우리가 비교의 운명에서 자유로울 수는 없다. 나도 인간인지라 우리 아이들이 유치원에서 잘 지내는지 궁금하고, 뭘 시키면 잘 따라 하는지 궁금하다. 그림도 좀 잘 그렸으면 좋겠고, 노래도 잘 불렀으면 좋겠다. 사실 우리 아이들은 그림을 엄청 못 그린다. 유치원에 가보면 현실주의 화풍의 그림들이 즐비한 가운데 우리 아이들의 추상 미술은 단연 돋보인다. 실은 좀 걱정되기도 한다. 독일의 학교 시스템은 상대적으로 어린 나이에 평가가 이루어지고 대략적 진로가 결정된다. 그리고 유치원과 초등학교 저학년에서 그림은 꽤 중요한 부분이기도 하다. 일부러라도 그림을 같이 그리고 놀아볼까도 했는데, 아이는 글씨나 숫자 쓰는 것에만 관심이 있고 그림엔 딱히 관심이 없다. 그림을 그려보자고 하니 신나게 1부터 100까지 쓰고 앉아 있다. (이 자식아, 그림을 그리라고.)

근데, 걱정해 봐야 나도 불행하고 아이도 불행하다. 무인도에 혼자 살지 않는 이상 어차피 비교당할 것이고 어떤 식으로든 사회적으로 불평등해질 아이들인데, 미리부터 루소의 그 타락한 존재로 만들고 싶지 않다는 생각이 들었다. 아이들에게 다른 것 이것저것 바라지 말고 그거 바랄 시간에 나나 똑바로 살아야지. 하루아침에 아이가 레오나르도 다빈치가 될 리도 만무하고, 우리가 모여 사는 환경을 탓할 수도 없다. 유일하게 할 수 있는 일은 타인의 기준에 흔들리지 않는 단단함을 가지는 일이다(…라고는 생각하지만, 나는 아직 연체동물처럼 물렁물렁하다).

지금은 아직 꼬마들이라 덜하지만, 아이들이 자라날수록 나의 걱정과 비교는 함께 자라날 것이다. 그때도 내가 지금처럼 아이의 그림이나 성적을 보고 푸하하 웃을 수 있을지 솔직히 자신은 없다.

나부터 똑바로 살면서 나를 조금 더 단단하게 만들 수밖에. 그래도 끝내 속에서 슬며시 못난 마음이 솟아오를 때는, 어쩌다 만난 이 시가 따뜻한 위로가 될 것이다.

딸을 위한 시

-마종하

한 시인이 어린 딸에게 말했다.
착한 사람도, 공부 잘하는 사람도 다 말고
관찰을 잘하는 사람이 되라고.
겨울 창가의 양파는 어떻게 뿌리를 내리며
사람은 언제 웃고, 언제 우는지를
오늘은 학교에 가서
도시락을 안 싸온 아이가 누구인가를 살펴서
함께 나누어 먹으라고.

관찰을 잘하고 다정한 아이. 사실 저렇게만 커준다면 나는 바랄 것이 없을 것 같다.
그러니까, 지금으로서는.

아동학대를
바라보는 마음

: 맹자, 마루야마 마사오와 함께
아이들이 내몰리는 사회를 진단하다

때리지 마

。

손님에게 낼 에그 타르트를 바삐 굽고 있는데 첫째가 오븐용 타이머를 리셋하며 놀고 있었다. 대체 몇 분이나 구웠는지 기억도 안 나는데, 망했구나 싶은 마음에 혈압이 쑥 올랐다.

"엄마 이거 지금 쓰고 있는 건데 그럼 안 돼!"

급한 마음에 그만 엉덩이를 찰싹 때렸다. 바로 뚝뚝 떨어지는 눈물과 함께 (아이들의 눈물샘은 어떤 회로를 갖고 있는지 몹시 궁금하다. 어떻게 그렇게 1초 내로 구슬 같은 눈물이 뚝뚝 떨어지는 걸까?) 울

먹이며 뱉은 한마디.

"때리지 마."

그 한마디에 심장이 철렁, 내려앉았다. 때리지 말라는 그 조그만 소리를 직접 귀로 들으니 내가 방금 이 아이를 때렸구나 하는 자각이 몇 배로 세게 들었다.

"엄마가 미안해. 엄마가 중요한 일을 하고 있는데 네가 그러니까 엄마가 당황해서 그랬어. 다음부터는 안 그럴게. 엄마가 정말 미안해."

그랬더니 금세 울음을 그치고 다른 걸 갖고 논다. 마음이 아프고 너무 부끄러웠다. 꽃으로도 때리지 말라고 했는데, 이렇게 잘 알아듣는 아이에게 말보다 손이 먼저 나갔구나.

한참을 올려다봐야 하는 엄마와 아빠는 내 아이의 눈에 아주 큰 사람임에 틀림없다. 그 커다란 사람이 손을 들어 나를 때린다면 얼마나 무서울까. 엄마가 되고 난 뒤 자꾸 내 밑바닥을 보게 된다. 그동안 나는 스스로 꽤 괜찮은 사람이라고 생각하고 살았는데, 알고 보니 나는 의외로 신경질과 짜증이 많은 사람이었다.

뭐 신경질과 짜증을 부리며 살 수도 있지. 그게 인간이지. 하지만 그렇게 지옥에 또아리를 튼 흑룡이 내지르는 불꽃이 그걸 받아들일 만한 성인들에게 발사되는 게 아니라 뭘 잘 모르는 나보다 작고 약한 아이들, 쉽게 말해 만만한 약자에게 간다는 점은 문제가 아닐까. 전자는 결투가 되겠지만, 후자는 봉변일 뿐이다. 여기에 생각이 미치면 정말 부끄럽다. 아이를 안고 볼을 비비며 사과하지만, 학습 효과 없이 며칠 뒤에 또 불을 뿜는 나를 본다. 나 왜 그러냐. 불혹이 넘었는데 공자 할아버지 보기 부끄럽게시리. 내가 수족 냉증이 오는 건 불꽃을 하도 뿜어서 그런 게 아닐까, 반성하는 마음으로 생각해 본다.

귀뚜라미와 민달팽이

o

살면서 완력에 당해본 일이 몇 번 있다. 다행스러운 건, 거의 모두가 장난처럼 일어난 일이었거나 결국은 상대가 풀어주었다는 것. 특히 동문 체육대회 팔씨름 부문 우승에 빛나는 나의 힘을 믿고 남편에게 장난을 걸다가 처참히 당한 경우가 많다. 낄낄거리며 장난을 치다가 그가 어쭈? 하면서 나보다 길고 힘센 팔다리로 내 사지를 결박하면 단박에 나는 쭈그렁 개불이 되고 마는 것이다. 시작한 건 나고, 둘 다 웃고 있지만, 꼭 붙잡혀 있을 때만큼은 순간적으로 처참한 무력감이 스친다. 인간이 한 인간을 힘으로 대한다는 것은 그런 것이다. 이 순둥한 사람이 갑자기 외계인의 정신 지배라도 받아 돌변한다면, 나는 어떻게 나를 보호할 수 있을 것인가.

누구나 다른 사람을 판단하는 나름의 기준을 가지고 있을 것이다. 눈빛이 어떤 느낌인지, 어떤 꿈을 지니고 살고 있는지, 무엇을 좋아하며, 노는 모습은 어떤지. 내가 특히 무게를 두는 기준은 약자에 대한 태도다. 나는 약한 존재를 어떻게 다루는가를 보면 그 사람의 인격이 드러난다고 믿는다. 내 발밑을 평화롭게 지나가는 달팽이라든가, 둥지에서 떨어져 힘없이 울고 있는 새끼 새라든가, 비를 맞은 채 떨고 있는 강아지라든가, 온 힘을 다해 나를 의지하고 있는 조그만 아이 같은. 이성적인 언어도 통하지 않고 나에게 반항할 힘이라고는 우스울 정도인 그런 존재와 조우했을 때 어떻게 반응하고, 그들과 어떻게 만나는가.

동물이나 아이를 대할 때면 그 사람이 보인다. 반려견에 대한 사랑이 타인에 대한 존중이나 배려와 함께 가지 못하는 사람도 있는 것 같아 꼭 정비례 관계라 할 수는 없겠지만, 대체로는 그렇다고 본다. 그래서 이상형을 질문했을 때 심심치 않게 등장하는, '아이와 동물을 좋아하는 사람'이라는 답변을 나는 그런 의미로 해석하곤 한다. 내 힘과 권위를 과시하기 좋아하는 사람이 아니라, 여린 존재들을 따뜻하게 감싸고 존중하며 사랑을 줄 수 있는 그런 사람이 좋아요,라고.

내가 처음 벌레를 밟아 죽이던 순간을 아직도 생생하게 기억한다. 어렸을 때 살던 집에 차고가 있었는데, 습하고 어두컴컴했던 그곳엔 귀뚜라미가 많았다. 어릴 적 기억은 왜곡되거나 과장되기 쉬워서 실제로 얼마만큼의 귀뚜라미가 있었는지 잘 모르겠지만, 어린 내 눈에는 공포스러울 정도로 어마어마하게 많았다. 차고의 불을 켜면 이 제페토의 친구인 지미니 크리켓들이 일시에 서전 트 점프를 하며 날뛰는데 실로 경악하지 않을 수 없는 장관이었다. 소심한 꼬맹이였던 나는 차고 안에 있던 연장을 가져오라는 아빠 심부름이 아니면 차고에는 절대 가지 않았고, 가서는 불을 켜는 동시에 눈을 꼭 감고 백을 센 뒤에야 눈을 떴다. 식구가 많았기에 어차피 차를 탈 때는 대문으로 나와서 아빠가 밖으로 차를 빼신 뒤에 탔다.

하루는 차를 타고 나가시는 아빠를 배웅하려고 엄마랑 집 앞에 나와 있었는데, 웬 미친 귀뚜라미 하나가 정신을 잃고 차고에서 뛰쳐나와 나에게로 질주하기 시작했다. 으아아. 〈여고괴담 1〉의 그 유명한 귀신 다가오는 신을 나는 그렇게 네댓 살 무렵에 미리 스포일러처럼 보고 말았다. 너무 놀라 비명을 지르며 제자리에서 파닥파닥 발을 구르다, 그만 꾹 밟고 말았다. 내 발밑에서 한 생명이 툭 터져 목숨을 잃던 그 느낌. 수십 년이 지난 지금도 그 생생한 느낌에 눈이 질끈 감긴다.

나는 불심이 깊은 집안에서 자랐다. 엄마는 평생 횟집을 좋아하지 않으셨다. 수조에 담겨 헤엄치고 있는 아이들을 보는 걸 굉장히 마음 아파하셨다. 평소에 터프하기가 이루 말할 수 없는 큰언니는, 누가 요리용으로 선물한 살아 있는 랍스터를 형부와 함께 먼 길을 운전해 바닷가에 놓아주고 오는 종류의 인간이다. 최근에는 너구리와 친해져 서로 선물을 주고받는 모양이다. 너구리가 언니네 집에서 산후조리를 했다나 뭐라나. 작은언니는 어릴 적부터 개 밥에 각종 귀한 재료들을 아낌없이 투여하다 자주 등짝을 맞곤 했다. 우리 집안의 그런 자비로운 문화 탓도 있었겠지만, 내가 내 손으로 한 생명을 죽게 했다는 것은 어린 나에게 어마어마한 죄책감이 느껴지는 일이었다. 나는 그 뒤로 오랫동안 사라지지 않고 발밑에 붙어 있던 그 느낌에 괴로워했다.

그런 나를 보고 엄마가 가르쳐주셨다. 잘 모르고 벌레를 죽였을 때나 지나다가 죽어 있는 가엾은 동물을 보게 되면 '대방광불화엄경'이라고 하라고. 다음에는 사람으로 태어나라며 기도해 주라고. 그게 어떤 비밀의 마법 주문이 아니라 그저 화엄경 경전의 이름이라는 걸 나중에 알게 되었지만, 나는 아직도 엄마가 가르쳐주신 그 비밀의 주문을 자주 외운다. 대방광불화엄경. 다음에는 꼭 사람으로 태어나 생을 충분히 즐기렴.

유치원에서 우리 아이들이 귀가할 때 자주 이용하는 작은 샛길이 있다. 풀이 많은 흙길이라 비가 오면 민달팽이 천지다. 그러면 비 온 다음 날 일부러 일찍 밖으로 나가 산책을 하던 엄마 생각이 난다. 작은 나뭇가지를 들고 콘크리트 길바닥에 나와 있는 지렁이들을 하나하나 풀숲으로 옮겨주며 "너 거기 그러고 있으면 죽어" 하던 우리 엄마. 세상 만물에 정답게 말을 걸던, 사랑 많은 우리 엄마.

"엄마 이거 봐. 너무 귀여워."

오늘도 보슬비에 토실토실한 민달팽이가 난무하는 귀갓길. 큰 아이는 길바닥에 떨어진 자두를 먹으러 모여든 민달팽이들을 보고 귀엽다고 웃었다. "밟으면 안 돼, 밟으면 안 돼!"를 외치며 한 발짝씩 내딛다가 결국은 달팽이가 너무 많아서 집에 갈 수가 없다고 엉엉 우는 둘째를 보고 웃음이 나왔다.

그래, 함부로 밟으면 안 돼. 네 울음이 참 고맙다.

크고 힘센 사람은 그렇게 발밑을 주의하며 걸어야 하는 법이란다.

아가야 미안해

○

자고 일어나 뉴스를 보니 또 한 아이가 목숨을 잃었다. 얼마나 더 많은 아이들이 보이지 않는 곳에서 맞고 있을지 모르겠다. 힘없는 아이들이 무슨 일을 당했는지 자세히 읽다 보면 내 영혼이 썩는 느낌이다. 안 봐야지 하면서도 자꾸 마음이 쓰여 기사를 읽게 되고, 아까 봐서 아는 내용인데도 볼 때마다 미치겠고 심장이 두근거린다. 기사의 활자들이 한 자 한 자 내 영혼을 고문하는 느낌이다. 어떻게 저렇게까지 할 수 있을까. 내 손에서 으스러지는 벌레 하나도 그리 마음이 쓰이던데, 저렇게 눈이 반짝이는 사람의 아이를.

아이가 생기니 기존에 대충 가지고 있던 도덕감과 정의감에 한 층 구체적으로 결이 생기고 삶의 순간마다 새롭게 다져지는 걸 느 낀다. 엄마가 되고 나니 그렇다. 내 아이가 예쁘다 보니 다른 아이 들도 예쁘다. 아이들뿐 아니라 돋아나는 새싹, 꼬물거리는 강아지, 이 험한 세상에 놓인 모든 작고 귀엽고 연약한 것들이 안쓰럽고 예 쁘다. 그래서 아동학대나, 사고로 생명을 잃은 아이들의 이야기를 접하면 마음이 무너져 내린다. 예전에는 머리로 반응하던 것들이, 이제는 뇌를 거치지 않고 몸이 반응하는 느낌이다.

맹자는 사람의 마음속에는 선한 본성이 있다고 했다. 우물에 빠지려는 어린아이를 보면 누구나 몸을 날려 아이를 구하려 할 것 이라 했다. 오늘날로 치자면, 차가 쌩쌩 다니는 도로로 비틀비틀 걸어 들어가는 아기를 보면 누구나 놀라 아기를 막아설 것이란 얘 기다. 맹자는 이런 행동이 아이의 부모와 친분을 맺기 위해서도 아 니고, 마을 사람들로부터 어린아이를 구했다는 칭찬을 듣기 위해 서도 아니라고 했다. 사람이라면 누구나 갖는 즉각적인 마음, 공감 의 마음이라고 했다. 잘 알려진 측은지심惻隱之心이 바로 이것이다. 惻隱之心 仁之端也(측은지심 인지단야). 맹자는 이렇게 다른 사람의 불행을 측은히 여기는 마음을 인仁의 근본이라 했다. 측은지심은 남의 불행을 나의 불행처럼 느끼는 마음이자, 남의 불행을 무심하 게 넘기지 못하는 마음이다.

그렇다면 저렇게 아이를 학대하고 방치하고 사망에 이르게 하는 사람들은 측은지심이 없는 사람들일까. 우물에 빠지려는 어린 아이를 보면 누구나 몸을 날려 아이를 구하려 할 것이라는 맹자의 말은 틀린 말일까.

맹자와 마루야마 마사오

○

그렇지는 않을 것이다. '측은지심 인지단야'라고 했을 때 '단端'이라는 글자는 양 끝단, 즉 어떤 일의 처음과 끝을 의미하기도 하고 근본, 실마리나 아주 작은 새싹 같은 것을 의미하기도 한다. 단이라는 글자는 원래 식물이 뿌리나 새싹을 내는 모습을 본떠 만든 것으로, 실제 맹자는 도덕성의 성장과 성숙을 식물이 커가는 생장 과정에 자주 비유하곤 한다.

그렇다면, 사람이라면 누구나 이런 마음을 가지고 있지만 그것은 씨앗이나 새싹처럼 작은 알맹이에 불과하다는 얘기가 된다. 새싹같이 작은 가능성의 상태로 주어진 본성에 햇빛과 물을 주어 잘 크도록 해야 하는 것이다. 그래서 환경이, 교육이, 사회가 중요한 것이다. 인간이 선할 수 있는 근거가 인간 안에 있다며 성선설을 주장하는 맹자가 교육과 환경의 중요성을 일컫는 '맹모삼천지교'의 주인공이라는 점은 언뜻 모순되어 보이지만, 이 '단'이라는 글자의 의미를 알게 되면 논리가 자연스레 이어지게 된다.

현재 우리 사회는 혐오의 가지와 분노의 잎이 너무나 무성하게 자라나 측은지심의 새싹들이 기를 펴지 못하는 사회로 보인다. 혐오와 분노로 가득 찬 사회에서 결국 희생양이 되는 것은 약자들이다. 가장 연약한 어린아이들에게 세상이 잔인해지는 이유는 그런 것이 아닐까.

일본 현대 사상의 거장 마루야마 마사오는 2차 대전 이후 일본 정치의 정신 상황을 진단하는 글에서 '억압의 이양에 의한 정신적 균형의 유지'라는 현상을 논한다. 그의 글을 인용하자면 "위로부터의 억압이 아래쪽을 향해 순차적으로 이양되어 감으로써 전체의 균형이 유지되는 체계"를 말하는데, "자국 내에서는 비루한 인민이며 영내에서는 이등병이지만, 일단 바깥에 나가게 되면 황군으로서의 우월적 지위에 섰던 일본의 말단 사병들이 중국이나 필리핀에서 보였던 포악한 행동거지"가 바로 이런 현상이라는 것이다. 쉽게 말하면 예능 프로그램에서 폭탄 옮기기 게임을 하듯 부장은 과장에게, 과장은 대리에게, 대리는 사원에게 차례차례 폭탄을 쌈 싸주고, 결국 풀 곳 없는 말단 사원은 지나가던 개를 걷어차며 스트레스를 해소한다는 말이다. 마루야마 마사오는 메이지 유신 직후에 타올랐던 정한론, 즉 한국을 정벌하자는 주장도 동일한 맥락에서 바라본다. 열강의 중압감이 피부로 느껴지자, 서구 열강들에게 맞았던 뺨을 어루만지던 일본이 동방의 이웃들에게 공격 자세를 취했다는 것이다.

"압박을 이양해야 할 곳을 갖지 못한 대중들이 일단 우월적 지위에 서게 될 때, 자신에게 가해지고 있던 모든 중압으로부터 일거에 해방되려고 하는 폭발적인 충동에 쫓기게 된다."

"앞에서의 치욕은 뒤쪽의 유쾌함에 의하여 보상받기 때문에 불만족을 평균하여… 마치 서쪽 이웃에서 빌린 돈을 동쪽 이웃에게 독촉하는 것과도 같다."

— 마루야마 마사오, 〈초국가주의의 논리와 심리〉 중에서

이 '억압의 이양에 의한 정신적 균형의 유지'라는 슬프고도 기괴한 현상을 나는 아동학대에서 그대로 본다. 지나가던 떠돌이 개처럼 연약하고 힘이 없는 아이들이 그 더러운 감정의 배출구로써 봉변을 당하는 것이 아닐까.

나는 우리 사회에 날로 부풀어가는 혐오를 누그러뜨리고 분노를 매만져 주는 일이 정말 시급하다고 생각한다. 측은지심이 옅어지고 혐오와 분노가 가득한 사회. 이런 사회의 문제는 그 사회의 일원인 나 자신도 결국은 그 돌고 도는 분노의 희생양이 된다는 점이다. 이 세상에 내 일이 아닌 일은 없다. 불의와 혐오는 방치하면 언젠가 나에게 돌아온다. 부장님으로부터 시작된 폭탄, 그 폭탄의

종착역인 말단 사원이 걷어찬 개는 깽깽거리며 크게 울부짖어 결국은 부장님의 잠을 깨우고 마는 것이다. 개는 울부짖고 물기라도 할 테지만, 연약한 아이들은 그러지도 못한 채 스러져간다는 점이 더욱 속상하다. 불의를 방치하면 나 역시 그 불의한 사회에서 힘들게 살아야 하고, 혐오를 방치하면 결국 혐오가 만연한 사회에서 나도 상처받으며 살아야 한다.

이걸 정치하는 양반들 탓으로만 돌릴 수는 없다. 배철수 씨가 한 말이라는데, 나이 40이 넘은 기성세대들은 세상이 왜 이 모양이냐고 남들에게 불만을 토로하면 안 된다고 한다. 이 세상을 만드는 데 알게 모르게 일조한 나이이기 때문에. "나 같은 기성세대는 투덜대면 안 됩니다. 사회가 이렇게 된 데 책임을 지고 젊은이들에게 미안해해야죠." 나는 나이가 마흔이 넘었는데도 불평만 늘어놓았던 것 같다. 마흔이면 나를 둘러싼 것들을 사랑하기 딱 좋은 나이가 아닐까. 내가 생각하는 따뜻한 사회, 내가 살고 싶은 좋은 사회를 만드는 일에 일말의 책임감을 가지고 작은 일이라도 실천해야겠다는 생각이 든다. 게다가 이제 다섯 살, 세 살인 내 아이들의 세상을 만드는 덴 부모의 지분이 아마도 80퍼센트 이상일 것이다. 내 말과 행동이 아이들에게는 얼마나 큰 영향을 줄 것인가 생각하면, 부모들은 끊임없이 나를 되돌아보아야 하는 게 맞다.

우리 아이가 성인이 됐을 때는 누가 대통령이 되어 어떤 정치를 펼칠까 궁금하다. 그 대통령은 지금 몇 살이나 되었을까 생각하니 슬그머니 미소가 지어진다. 부디 정치의 본질에 대한 깊이 있는 이해로, 사람들에게 감동을 주는 정치를 해주기 바란다. 그때까지 지금의 엄마와 아빠들이 부단히 노력했기를, 그래서 꾹 누르면 터질 것 같은 이 분노와 혐오들이 그때에는 얌전히 사그라들어 있기를.

가장 경멸하는 것도 사람, 가장 사랑하는 것도 사람

○

아이들은 속상하거나 아플 때 나를 찾는다. 신기한 것은 내가 손바닥을 한 번 살짝 대주는 것만으로도 다 나은 듯 다시 팔랑팔랑 뛰어간다는 점이다. 내가 아이들의 HP를 채워주는 능력치 만렙의 힐러가 된 느낌이다. 심지어 눈이 따갑다며 콩콩 뛰다가 그 눈을 내 옷에 한 번 쓱 문지르고서는 아무렇지 않은 듯 뒤돌아 노는 모습에서는 웃음이 나오기도 한다. 아니 내 옷이 무슨 신소재로 되어 있기에. 세상의 아이들은 넘어지는 횟수만큼의 격려와 위로가 필요하다. 엄마가 없는 아이들, 혹은 엄마 같은 따뜻한 존재가 없는 아이들은 그 무수한 횟수를 어디에서 위로받을까. 그런 생각을 하면 마음이 아리다.

사실 나만 힐러가 되는 게 아니라 아이들의 치유 능력도 나 못지않게 탁월하다. 그제는 잠들기 전에 속닥거리다가 "이음아, 엄마가 오늘 힘들었어" 한마디 했더니 아이쿠, 하면서 조그만 팔이 어

둠 속에서 뻗어 와 엄마 어깨를 토닥토닥해 주었다. 그렇게 세 살
짜리의 조그맣고 포동포동한 손에 의해 모든 것이 치유되는 기분
은 말할 수 없이 따뜻하고 신기하다. 사랑하며 살기에도 부족한 시
간, 서로 날 세우지 않고 토닥거리며 살 수 있으면 좋을 텐데.

정치도 경제도 사회도 삼위일체로 마음에 안 들 때, 세상이 수
학 문제집 같아서 개념은 없고 문제만 많다고 느낄 때, 그래도 희
망을 발견하는 것은 역시 사람이다. 연약한 아이들의 뺨을 때리고
토한 음식을 다시 먹였다는 어린이집 교사의 뉴스가 우리 마음을
한없이 괴롭히지만, 길거리에서 홀딱 벗고 있는 아이에게 점퍼를
입혀준 한 오토바이 운전사의 뉴스가 또 우리 마음에 따뜻한 불을
켠다.

"선로에서 사람을 밀어버리는 것도 사람인데, 그 떨어진 사람
을 구하는 것도 사람인 거예요."

소설가 정세랑은 말한다. 그녀의 소설《피프티 피플》안에는 다
음과 같은 구절이 있다. "가장 경멸하는 것도 사람, 가장 사랑하는
것도 사람. 그 괴리 안에서 평생 살아갈 것이다." 측은지심의 사회
를 만드는 것도 사람, 분노와 혐오의 사회를 만드는 것도 사람인
것이다.

그래서 나는 오늘도 비관적 낙관주의로 세상을 산다.

"당신도 알다시피 인생은 비극입니다. 낙관적 낙관주의는 좀 멍청하다는 생각이 듭니다. 비관적 비관주의는 좀 신경질적이라고 생각합니다. 그래서 비관적 낙관주의야말로 세상과 부대낄 수 있는 가장 적합한 방법이라고 생각합니다."

—미셸 푸코

산타는 대체
언제 와야 하는가

: 시몬 베유, 세상에 뿌리를 내린다는 것

호라티우스와 법정 스님의 배틀

○

나는 2006년부터 10년을 미국에서 살았다. 박사 과정 밟느라 보스턴에서 5년, 남편을 만나 그의 학교가 있던 필라델피아에서 5년. 그렇게 십 년째 되던 해에 우리는 넷이 되어 독일로 이사를 왔다. 이제 독일 생활 삼 년째. 덕분에 나는 여행 가방 싸기 3단, 이삿짐 싸기 1단의 고급 기술 보유자가 되었다.

그간 내 삶은 유목민 같았다. 늘 이사를 염두에 두어야 했기 때문에 가구는 항상 몇 년 쓰다 버려도 좋을 만한 것을 골랐고, 변변한 그릇도 제대로 들이지 못했다. 이사의 적敵을 둘만 꼽자면 크고 무거운 가구와 잘 깨지는 그릇들이 아니던가. 큰 가구를 사지 않으려다 보니 수납 담당은 꾸준히 생겨나는 기저귀 박스. 차곡차곡 쌓아놓으면 궁상미가 이루 말할 수 없이 뿜어져 나와 눈이 부시다. 예쁜 그릇 앞에서는 늘 "이사 가면 사야지"의 지갑 수호 마법 주문을 외우며 돌아서다 보니, 손님이 와도 변변히 음식을 담아 인원수대로 내올 그릇이 없었다. 손님이 오셨을 때 없는 그릇에나마 음식을 담아 내어오려면 천수관음이 되어야겠기에 인간적으로 쟁반은 하나 사야지 싶어, 지난달에 드디어 중고품을 파는 가게에서 마음에 드는 작은 쟁반을 하나 들였다.

아직 오지도 않은 미래에 점을 찍어두느라 현재가 너무 녹슬어 있는 건 아닌가 싶어 때론 좀 서글프기도 하다. 호라티우스 아저씨가 등 뒤에서 연분홍빛 카르페 디엠 깃발을 흔들며 응원가를 부르고 있는 느낌이랄까. 하지만 섣불리 경계를 늦출 수는 없다. 공간이 있으면 짐은 어느새 늘어나 그 공간을 채우기 마련이고, 그 짐은 결국 다 내가 싸야 하니까. 남편 짐 말고는 모두 내가 갈무리해 담고 내 손으로 풀어 정리해야 직성이 풀리는 성격 탓이다. 한곳에 뿌리가 있어야 가지도 마음껏 펼쳐보고 잎도 오종종하게 달아볼 텐데, 뿌리를 제대로 내리지 않으려다 보니 가지가 움츠러드는 셈이다.

하지만 괜찮다. 현재를 즐기라는 호라티우스의 응원가에 마음이 살랑살랑 안무를 따라 추며 일어날 때면 죽비를 들고 등장하시는 분, 내게는 무소유의 평화를 알려주신 법정 스님이 있다. 여백으로 가득한 작은 방에 난 하나를 들이는 것도 조심스럽게 경계하셨던, 그리하여 소유의 충족감보다 무소유의 충만감이 클 수도 있다는 사실을 알려주셨던.

그리하여 궁상맞음은 마음먹기에 따라 언제든지 재미로, 미소로 바뀔 수 있다. 최근에는 택배 상자로 놀이용 부엌을 만들었다. 안 그래도 궁상미 은은한 거실에 두니 인테리어가 한층 더 개념 없고 편안하다. 아이들은 신나서 수박 볶음이며 공룡 수프 같은 난해한 음식들을 만들어 온다. 냉장고와 스토브탑, 오븐, 싱크대와 전자레인지까지 세트로 만들어두었지만 이사할 때 과감히 버릴 수 있는 치명적 매력을 가지고 있다. 때맞춰 미니멀리즘이라는 트렌드도 내 마음의 평화를 돕는다. 그리하여 호라티우스와 법정 스님의 배틀은 일상에서 투닥투닥 평화롭게 일어난다. 때로는 카르페 디엠이라서, 때로는 무소유의 가르침을 실천해서, 내 삶은 그때그때 즐거울 수 있다.

떠다니는 삶의 서글픔

○

유목민의 삶이 조금 더 마음 아픈 것은 주로 내 의지 바깥의 영역이다.

가장 먼저는 내 오랜 둥지가 없어지던 느낌. 한국에 돌아갈 때마다 내 방과 내 물건이 점차 어디론가 조금씩 분해되고 흩어져 버리는 느낌은 묘하게 서글펐다. 내가 모았던 무용하게 귀여웠던 것들은 집에 놀러 오는 조카들 손에 엄마가 하나둘 쥐여주셨고, 음반이나 옷도 서서히 줄어갔다. 가장 아쉬운 것은 내가 사랑했던 책들. 23킬로그램의 테두리 안에서 여행 가방을 싸려다 보면 공부에 관련되지 않은, 그래서 더욱 소중하고 친구 같던 책들은 항상 김이며 말린 나물, 반찬에 밀려 고향 땅에서 벗어나지 못했고 어느샌가 사라져 있었다. 존 스튜어트 밀은 인간이라면 배부른 돼지보다 배고픈 소크라테스가 되기를 원할 것이라고 했는데, 나는 여행 가방을 싸면서 늘 배부른 돼지 쪽을 택했다.

미국 유학 시절 가장 힘들었던 것은 고국의 명절이었다. 특히 중간고사 기간과 겹치기 마련이던 추석. 박사과정 1학기 때, 아직 적응도 제대로 못하고 정신없이 맞았던 추석이 가장 슬펐다. 집에는 그리운 사람들이 모두 모여 맛있는 것을 먹으며 웃고 있을 텐데, 나는 자유롭지도 못한 언어로 페이퍼를 몇 개나 써야 하다니.

둥지를 옮긴다는 건 이런 거구나. 23킬로그램의 짐을 싸서 내 작고 따뜻한 둥지로부터만 나온 게 아니었다. 둥지가 있던 나무, 숲, 그곳의 공기, 냄새, 웃음소리. 즉 송편의 쫀득한 식감과 참기름 냄새와 지글거리는 소리, TV에서 방영했을 〈머털도사〉, 윷 던지는 소리, 그 모든 문화와 관습과 명절의 기운으로부터 통째로 휘리릭 빠져나온 것이었다. 기숙사 바로 옆에 흐르는 찰스강이 참 예뻐 종종 산책을 했는데, 특히 글을 쓰다가 막힐 때는 새벽에라도 강변을 찾곤 했다. 그날따라 캄캄한 밤 강물 위에 유독 커다랗게 둥실 떠 있던 달이 아직도 기억에 선명하다. 사랑하는 사람들도 저 달을 함께 볼 텐데, 달 주변의 공기는 너무 달랐다. 그날 나는 서러운 마음에 기숙사 방으로 돌아가 와인을 땄다.

독일로 건너오다

○

그래도 미국에선 한국 음식을 구할 수 있었고 언어가 통하기는 했다. 내 가족이 생기면서 외로움도 차츰 엷어져 갔다. 그러나 독일에 오니 한국 식재료 구하기가 어려워진 것은 물론이요, 우리는 산뜻하게 문맹이 되었다. 둘 다 고등학교 때 독일어를 공부했고 심지어 나는 대학 때도 독일어 수업을 들었지만 대부분의 사람들이 그렇듯 머리에 남은 것은 der, des, dem, den뿐이었다.

일요일엔 모든 상점이 문을 닫고 평일에도 여덟 시면 문을 닫는 독일 남부. 처음에는 살 것이 많아서 토요일만 목 빼고 기다릴 수가 없었다. 평일에도 남편 퇴근 후 번개같이 장을 보아야 했는데, 촉박한 시간과 까막눈의 찬란한 컬래버는 우리 집에 예상치 못한 물건들을 들이기 시작했다. 남편은 야심 차게 로션을 사 와 발랐지만 얼굴에선 보글보글 거품이 났고, 나는 어니언 링인 줄 알고 오징어 링을 집어 와 의도치 않게 식구들에게 단백질을 제공했다. 커피를 마시고 싶었던 남편은 2차 대전 때 커피를 구하기 어려운 시절 마셨다는, 그래서 나이 드신 어른들이 향수로 가끔 찾는다는 이상한 곡물 가루를 사 왔고(몹시 구수하다), 나는 스킨인 줄 알고 1년 넘게 클렌징 워터를 얼굴에 꼼꼼하게 바르고 다녔다. 남편도 옆에서 같이 발랐다. 집에 박사가 둘인데도 독일어 앞에 우리의 뇌는 청순하기 그지없었다.

점차 독일어가 세 살 아동 수준으로 늘고 생활도 안정이 되자 이번에는 문화와 풍습에 부딪히기 시작했다. 부끄럽게도 우리가 아는 것이라고는 옥토버 페스트뿐. 어른 둘만 있으면 큰 상관이 없는데 문제는 아이들이었다. 이런, 독일에는 산타가 크리스마스이브에 오는 게 아니라고?

우리가 알고 있는 산타는 훨씬 빨리 12월 6일, 니콜라우스탁Nikolaustag에 온단다. 독일 아이들은 전날 저녁에 자기 구두나 부츠를 깨끗이 닦아 현관 앞에 두는데, 산타가 거기다 작은 선물을 넣고 간다는 것이다. 크리스마스이브에는 좀 더 큰 선물을 받는데 주로 남부 쪽에는 크리스트킨트Christkind, 북부 쪽에는 바이나흐츠만Weihnachtsmann이 주는 것으로 되어 있다. 남편이 신발을 신발장에 넣어두지 않고 대체로 현관 밖에 벗어두곤 하는데 12월 6일 아침, 그 안에 선물이 들어 있었다. 다정한 이웃들이 아이들 선물을 챙겨주신 것. 어른들이 동네 아이들에게 챙겨주기도 하는 모양이다. 아무것도 모르고, 누가 이걸 굳이 냄새나는 신발 안에 넣어놨나 싶어 살짝 기분이 나쁠 뻔했다. 다행히 새벽에 쓰레기를 버리러 나가다 내가 먼저 발견했고, 그날이 니콜라우스탁인 것을 알고 있었고, 재빨리 검색해 본 덕분에 독일에는 산타가 일찍 온다는 것을 알게 되었다. (그리고 나중에 한 번 더 와야 한다는 것도. 아니 왜 자꾸 오시고 참⋯.) 실은 전날 뭣도 모르고 타이밍 좋게 크리스마스 쿠키를 왕창 구웠기에, 재빨리 사탕이며 초콜릿을 더해 작은 선물 봉지를 챙겨 이웃 아가들 부츠에 집어넣는 것까지 시간 내에 마칠 수 있었다.

산타클로스는 독일에서 성 니콜라우스인데, 가난한 자와 어린 이들을 수호하는 성자로 알려져 있다. 오늘날 산타가 선물이 든 자루를 메고 와서 밤중에 몰래 선물을 놓고 가는 건 이분의 일화에서 비롯된 것이다. 당시에는 여성들이 결혼을 하지 못하면 다른 일거리가 없는 한 매춘부가 되어야 하는, 이건 대체 무슨 풍습인가 싶은 그런 풍습이 있었다고 한다. 동네에 한때 부자였다가 재산을 잃고 가난해진 이에게 세 딸이 있었는데, 지참금이 없어 모두 혼인을 하지 못할 상황이었다. 이를 알게 된 니콜라우스가 이들을 돕고자 밤에 몰래 그 집 창문으로 금화가 든 자루를 던졌다고 한다. 딸이 셋이었으므로 사흘 밤을 각각 자루 하나씩 던졌는데, 마지막 밤에 딸들의 아버지가 자지 않고 은인을 기다렸던 것. 무릎을 꿇고 감사의 인사를 올리는 아버지에게 니콜라우스는 자신의 선행을 절대 남들에게 알리지 말기를 청하였다는데, 뭐 이렇게 풍습으로까지 굳어진 것을 보면 성실하게 널리널리 알리셨나 보다.

어쨌든, 이 문화권에서 자라지 않은 엄마 아빠가 이곳의 문화와 풍습에 주파수를 잘 맞춰두려는 노력을 하지 않으면 우리 아이들에게는 부활절 토끼도 오지 않고 산타님께서도 제때에 방문하지 않는 것이다. 심지어 이름도 성 니콜라우스 어린이집인 아이들 유치원에 가니, 간밤에 성 니콜라우스가 주고 간 선물 이야기로 꼬마들이 복도에서 웃음꽃을 피우고 있었다. 지음이네 반 알레나는 손바닥만 한 토끼 인형을 들고 와서 나한테까지 신나게 자랑했다. 문장에는 약하나 감탄사에 능한 나는 아는 감탄사를 모두 퍼부어 주었다.

휴.

얼굴색도 생김새도 조금 다른데, 이런 이유까지 조금씩 쌓이면서 아이들 사이에 소외감과 거리감이 생기는 것이 아닐까 싶어 살짝 아찔해지는 순간이었다.

시몬 베유, 뿌리내림

○

"사람들은 바람에 밀려다니니까요. 그들은 뿌리가 없어요. 그래서 살아 가기가 무척 힘이 들 거예요."

— 생텍쥐페리, 《어린 왕자》 중에서

한곳에 뿌리를 내리고 산다면 그곳의 공기와 풍경에 익숙해지 겠지만 이리저리 떠다니는 사람들에게는 모든 것이 낯설다. 내가 이방인으로서 외로움이나 어려움을 겪을 때마다 떠올리는 철학자 는, 일찍 타계한 것이 못내 안타까운 프랑스의 시몬 베유다. 오빠는 잘 알려진 수학자라는데 수학 공식을 제3 외국어로 보는 나로서는 잘 모르겠고, 부모님은 모두 유대인이었다. 유학 시절 한 세미나에 서 베유의 《뿌리내림》을 읽었는데, 20세기 인간 사회의 가장 큰 문 제점을 '뿌리 뽑힘uprootedness'이라는 개념에 초점을 맞춰 진단하고 있었다. 유대인이라는 성장 배경이 아마도 뿌리라는 개념에 천착 하게 하지 않았을까 싶다. 베유에 따르면 단단하게 이어져 온 공동 체가 와해되거나 붕괴된 상황에서 뿌리가 뽑히고 터전이 사라져버 린 사람들은 두 가지 행동 양식을 보이게 된다. 하나는 죽은 사람처 럼 체념하고 무기력해지는 것, 다른 하나는 폭력적이고 공격적으 로 행동하는 것. 아마도 2차 대전 당시의 많은 유대인들이 전자였 을 것이고, 현재 이슬람 급진 세력은 후자에 해당할 것이다.

사실 굉장히 큰 내용을 담고 있고 질문거리도 많은 책이었지만, 그 책에는 내 마음에 쏙 드는 문장이 있었다. 외로운 유학생 시절 내 마음을 유독 파고들었던 문장은 내가 어딘가에 따스하고 안정적으로 뿌리내리고 있다는 느낌, 그런 충만감과 소속감이 바로 '인간 삶의 필수 조건'이라는 것. 회색 활자 속에서 반짝- 하고 빛나며 마음을 어루만져 주는 것 같은 문장이었다. 밥과 물, 공기 말고도 삶에 없어서는 안 될 꼭 필요한 것은 어딘가에 나의 둥지가 있고 내가 그곳과 따뜻하게 이어져 있다는 느낌이다. 쌀과 우유와 달걀만이 생필품이 아니라 내 둥지의 온기, 엄마와의 전화 통화, 친구와 나누는 문자 하나, 이런 것 역시 생필품인 것. 이런 삶의 필수 조건들을 박탈당할 때 우리는 슬프게도 약해지거나, 공격적으로 변한다.

가장 그리운 것은

о

외국 생활이 길어지면서 내 마음은 그에 맞춰 새롭게 반죽되었고(반죽에는 수분이 필요한 법. 하여 눈물과 술이 상당량 포함되었다), 그럭저럭 예쁘게 굳어서 지금은 웬만해서는 고국의 명절에 외로움을 느끼는 법이 없다. 기술의 진보가 인류의 다정함을 위해 애써 주었기에, 마음만 먹으면 서로 얼굴을 보며 대화를 나눌 수도 있다. 하지만 외국 생활에서 가장 아쉬운 것은 편의점 앞에서 과자한 봉지에 맥주 캔을 두셋쯤 늘어놓고 소소한 얘기를 나누며 낄낄거릴 수 있는 동네 친구다. 2D 말고 3D로, 등짝을 때려가며 대화할 친구를 만나고 싶은 것이다. 친구의 좋은 일과 슬픈 일에 재깍얼굴을 마주할 수 없음이 가장 아쉽고, 나의 소중한 이들과 일상을 나눌 수 없음이 가장 슬프다. 외국 생활을 하면서 좋은 사람들, 따뜻한 사람들을 참 많이 만났다. 하지만 어쩔 수 없이 늘 한국 사람이 그리웠고 내 오랜 친구들이 보고 싶었다. 외국에서 만난 친구들은 내가 유목민 같은 삶을 살았기에 늘 헤어짐을 염두에 두어야 했다.

오랜만에 고국에 돌아가 친구들을 만나면 그 만남은 일상이 아니라 특별한 행사처럼 느껴진다. 물론 그 만남이 즐겁지 않다는 건아니다. 내가 마음 깊이 기다려왔던 행사들이다. 보고 싶었던 얼굴들을 만날 때, 나는 오랜만에 허락된 사탕을 양손 가득 쥔 아이처럼 즐겁고 행복하다. 하지만 내가 말하는 건, 일과를 마치는 저녁즈음 문득 생각나서 만날 수 있는 오랜 친구다.

"나 오늘 너네 집에 가도 돼?"

따뜻한 방바닥에 뒹굴면서, 서로의 배 위에 다리를 한쪽 올리겠다고 투닥대면서, 둘이 그저 같은 공간에서 시간을 보내며 느끼는 그 게으른 유대감이 나는 그립다.

가끔 글로벌하게 날아든 뻐꾸기에도 내 연애 감정은 몹시 고루하게 민족적이었다. 대만 사람과 소개팅(내 첫 소개팅이자 마지막 소개팅이었다. 인생을 이따위로 살다니 분하다)을 한 적이 있었는데, 같은 문화권에다가 굉장히 친절하고 심지어 외모마저 훌륭했지만 대화가 영어 듣기 평가 같아서 만남 자체가 영 편치 않았다. 한번은 나에게 호감을 표시하던 또 다른 금발 벽안의 친구에게 정중하게 입장을 밝히는 것이 필요하겠다 싶었다. 그래서 솔직하게 이야기했다. 나는 많은 것을 일일이 설명하지 않아도 되고, 늦은 밤 비슷한 야식 메뉴에 함께 침이 고이는 사람, 단어 하나만 내뱉어도 바로 공감이 되는 그런 사람과 함께이고 싶다고 말했다. 연애나 결혼에서만큼은 좀 더 편안하고 싶다고. 내 대답에 호탕하게 껄껄 웃던 그 친구는 약간 상처받은 표정으로 이렇게 내뱉었다.

"한국 사람 아니면 안 된다는 거네."

어디 가서 그런 말을 하면 안 된다고 했다. 그건 인종주의라고, 너 큰일 날 소리 하는 거라고.

아, 그런 건가. 그래도 그때는 인종주의고 나발이고, 그러고 싶었다. 함께 일상을 나눌 친구가 없다면 비슷한 일상을 만들어갈 가족이라도 꿈꾸고 싶었다.

새로운 곳에 뿌리내리기

○

고국과 그곳의 사람들이 그리웠지만 외국 생활을 딱히 후회해 본 적은 없다. 오히려 다른 나라, 다른 문화에서 한 번쯤 살아보는 경험을 적극 추천한다. 여행 말고 잠시 솜털 같은 뿌리라도 내릴 수 있는 그런 기회를, 이왕이면 젊은 시절에 갖기를.

어디에나 장단점은 있다. 한국의 장점을 꼽으라고 하면 이백 삼십육 개쯤 꼽을 수 있고, 단점 역시 비슷하게 꼽을 수 있다. 미국 도, 독일도 마찬가지다. 그러나 내 집에서만 오래 살다 보면 내 집 안의 먼지나 우리 가정의 불합리한 모습이 눈에 잘 띄지 않는 법이 다. 익숙함 탓이다.

내가 독일에 살면서 가장 마음에 들었던 것은 자랑하지 않는 소박한 문화였다. 물론 마음에 들지 않는 부분도 많지만, 이 부분 만큼은 정말 좋아한다. 이곳 사람들은 돈 자랑을 굉장히 천한 행동 이라 생각한다고 들었다. 소탈해 보이는 동네 아저씨가 알고 보면 집이 몇십 채씩 있는 부자고, 비가 오나 바람이 부나 씩씩하게 자 전거를 타고 아이와 함께 유치원에 오는 검소해 보이는 엄마가 알 고 보면 의사고 그렇다. 미국만 해도 과시하는 문화였고 빈부의 격 차는 컸다. 하지만 독일에서는 꼭 생활에 필요한 물품이 정말 싸 다. 월급 격차가 기본적으로 크지 않은 사회이기도 하지만, 저렴한 생활비로도 충분히 살 수 있게 만들어두었기 때문에 격차는 심하게 드러나지 않고 사람들은 대체로 넉넉하고 행복해 보인다. 부자도 가난한 사람도 함께 절약한다. 달걀을 사면서, 밀가루를 사면서, 꽃을 사면서(꽃 값이 무척 싸다는 부분도 독일의 사랑스러운 점이다), 그런 생각을 많이 한다. 함부로 비교하고 과시하지 않는 사회에서 사는 건 사람을 편안하게 한다. 그만큼 생의 에너지가 엄청나게 절약되는 느낌이다. 비교하고, 자랑하고, 1등이 되어야 하고, 모두들 한곳만을 바라보는 사회는 피로하다. 그 안에서 잘 모르고 커왔지만 밖에서 보면 그렇다.

철학자 강신주는 존재('ex'istence)라는 단어의 어원에서 보듯 존재의 주요한 의미는 중심이 아니라 탈(ex)중심에 있다고 말한다. 갇혀 있던 익숙한 세상에서 벗어나 보는 일은 이렇게 탈중심을 가능케 함으로써 나를 한 단계 두 단계 키운다고 생각한다. 그리고 내가 떠나온 곳을 한층 걱정스럽고 사랑스러운 눈으로 보게 한다.

외국에서 나는 자유와 속박을 동시에 치열하게 느끼며 살고 있다. 그동안 여러 번 껍질을 깨고 나오면서 겉은 단단해지고 속은 더 말랑말랑해졌다고 믿는다. 무엇보다 나는 외국 생활을 통해 사람의 눈을 똑바로 쳐다보며 이야기할 수 있는 사람, 입을 가리지 않고 웃고 얘기할 수 있는 사람이 되었다. 미국 교수님들은 내가 이야기할 때 내 손이 왜 입에 붙어 있는지 항상 궁금해하셨다. 나는 내가 그렇게 얘기하는 줄 전혀 몰랐다. 나도 모르게 소위 '여자다운 것'으로 몸에 배어 희한하게 굳어져 버린 습관이 깨어져 나간 것만으로도 나는 크게 만족한다.

아이들이 있기에 이제는 슬슬 한곳에 정착을 하려고 하지만, 사실 생각은 많고 머리는 복잡해진다. 외국에 나와 있는 지인의 병아리 같은 아이들이 인종차별을 겪는 이야기를 들을 때면, 한국에 살았으면 겪지 않아도 될 뿌리에 대한 고민, 뿌리에 관한 스트레스를 괜히 이 올망졸망한 아이들에게 주는 건 아닌가 싶어 마음이 착잡하다.

내가 동부에서만 지냈기 때문인지 모르겠지만, 미국은 정말 다양한 인종과 문화의 사람들이 모인 곳이라 오히려 인종차별에 굉장히 민감했다. 내 고루한 민족주의적 생각을 여지없이 깨주는 친구도 많았고, 위 친구처럼 어디서 그렇게 말하면 안 된다고 알려주는 친구도 있었다. 하지만 이곳은 아시아인이 더 드문 데다가, 그런 민감성도 좀 더 떨어지는 것 같다.

우리 아이들이 이름만 들어도 광분하며 애정을 표현하는 D형아가 있다. D가 독일 초등학교에서 1년을 잘 지낸 것이 너무 대견하고 예쁘다는 내 말에, D의 엄마는 다른 건 다 괜찮은데 약간 걱정이 생겼다고 했다. 처음 보는 애들을 만날 때 "엄마, 쟤들이 나 중국 애라고 놀리면 어떻게 해?"라고 아이가 물으면 좀 마음이 무겁다고. 난데없이 중국에 미안해지는 얘기이기도 하지만, 독일인들에게 동양인은 대체로 중국인, 일본인, 아니면 베트남인이기 때문에 애초에 국적 가려가며 놀릴 것을 기대하기도 어렵다.

우리 아이들은 이곳에서 자신의 뿌리를 어떻게 아파하며 내릴 것인가. 말도 잘 통하지 않는 공간에 뚝 떨어져 엄마도 힘든데, 엄마가 옆에서 잘 도와줄 수 있을까. 오히려 지금은 어려서 쓸 말이 별로 없지만, 커가면서 쓸 말이 더 늘어날 주제인 것 같다. 3년 뒤쯤, 그리고 5년 뒤쯤 이 글을 다시 보면 무슨 생각이 들지 궁금하다.

일단 솜털 같은 뿌리라도 열심히 내려보자.

잡초를 뽑아보면 알 것이다.

미세하고 가느다란 잔뿌리 하나의 힘이 얼마나 센지.

일단은 그 힘을 믿어보기로 한다.

바이러스와
공포의 시간

: 아이들에게 어떤 세상을 물려줄 것인가

* 이 글은 신종 코로나바이러스가 무섭게 상승세를 그리던 2020년 봄의 글입니다.

와그작 깨져버린 부활절

○

이곳에도 5주간 모든 초등학교와 유치원을 닫기로 하는 결정이 내려졌다. 남쪽으로 얼굴을 맞대고 있는 이탈리아에서 먼저 바이러스가 빠르게 퍼지기 시작했고, 이탈리아에서 휴가를 보내는 일이 많은 독일에서도 점차 확진자의 상승세가 가파른 곡선을 그리고 있던 차였다.

아이들의 모든 짐과 함께, 부활절을 맞아 예쁘게 꾸미려고 유치원에 가져갔던 달걀 껍데기들도 그대로 돌아왔다. (두 녀석 합쳐

215

서 열 개의 달걀에 구멍을 뚫고 입바람을 넣느라 엄마가 호흡 곤란으로 잠시 저세상에 갔다가 부활했다.) 아무런 색깔도 반짝이도 입지 못한 채 하얀 피부 그대로 돌아온 달걀들이 왠지 안쓰러웠다. 부활절은 이곳 아이들에겐 크리스마스처럼 신나는 날이다. 아이들 마음에 달콤하게 남을 즐거운 기억 하나를 매정한 바이러스가 빼앗아 가 버린 것이다.

텅 빈 껍데기를 보는 엄마 마음이 텅 빈 느낌이든 말든 그건 엄마 사정이고, 아이들은 갖고 놀 매끈한 달걀 껍데기들이 있어 신이 났다. 구석구석에 숨기기도 하고, 조심조심 양말에 하나씩 넣어 갖고 다니기도 하면서 신나게 놀기 시작했다. 오 분도 지나지 않아 아이들의 탄식 속에서 달걀 껍데기 하나에 금이 갔고, 그렇게 조금씩 달걀 껍데기들은 예쁜 옷도 입어보지 못하고 와그작 와자작 부서지기 시작했다.

"지음아 이음아, 이제 한 달 동안 유치원 문 닫는대."

"왜? 선생님이 아파?"

선생님이 아파서 한 번 취소되었던 투어넨Turnen 수업 이후로, 그런 공식이 머릿속에 생긴 모양이었다. 투어넨은 우리말로는 체조로 번역되지만 실은 각종 놀이를 하며 친구들과 미친 듯이 뛰어노는 시간이다. 수업이 끝나면 애들이 다 얼굴이 벌건 채 새벽 두 시에 감자탕집에서 갓 나온 어른들의 행색을 하고 있다.

"아니, 그건 아니고… 지구가 아파."

지구가 누군지 잘 모르겠지만 선생님이 아픈 게 아니라니 아이는 일단 안심인 모양이었다. 지구가 뭔지는 몰라도 바이러스가 위험하다는 것은 알려주고 싶었다. 하지만 해리포터를 헬리콥터로 알아듣는 아이에게 바이러스가 뭔지 알려주는 일이라니. 나의 야망은 곧 그놈들 손안의 달걀 껍데기처럼 와자작 부서지고 말았다. 그래, 그냥 놀아라.

그럴 일이 없기를 간절히 바라지만 만약 저렇게 말귀를 못 알아듣는 아이들에게 자가 격리 같은 걸 설명해야 한다면, 또 그걸 지키도록 해야 한다면 그건 대체 얼마나 어려운 일일까. 아이들을 꼭 껴안고 볼을 비비며 뽀뽀할 수 없다면 그건 또 부모로서 얼마나 어려운 일일까. 신종 바이러스도 아이들은 귀여워서 봐준다지만, 일상이 급속도로 무너지는 세상에서 아이들에게 어떤 이야기를 해주어야 하는지 난감했다.

우린 대체 아이들에게 어떤 세상을 물려주고 있는 것일까.

과학의 칼날, 그 양날의 검

o

과학은 양날의 검처럼 우리 삶에 칼날을 휘두른다. 어두침침하고 더러운 부분을 잘라내 주기도 하지만, 평온한 일상에 느닷없이

비수를 꽂기도 한다. 과학 기술의 발전으로 비행기를 타고 지구를 몇 시간 안에 돌 수 있게 됐지만, 그로부터 배출되는 엄청난 온실가스로 인해 우리는 미쳐 날뛰는 여름을 맞이하게 되었고, 바이러스 역시 편안하게 비행기를 타고 기내식을 먹으며 세계 곳곳을 여행하게 되었다. 중세 유럽 인구 최소 삼분의 일을 사라지게 했다는 페스트가 산 넘고 물 건너 공민왕이 반원 개혁을 시도하던 고려까지 오기란 상당히 힘들었지만, 중국 우한 지역에서 발생한 것으로 알려진 신종 코로나바이러스가 유럽에 도착하는 건 금방이었다. 과학 기술의 발전으로 우리는 어느 때보다 서로 이어진 삶을 살고 있다. 손안의 휴대폰으로 세상 구석구석과 닿을 수 있으며, 들숨 날숨을 전 세계인과 공유하며 살고 있다.

고대 그리스의 많은 철학자는 총명한 과학자이기도 했다. 하지만 근대 유럽에서 철학과 과학의 사이는 그리 정답지 못했다. 근대 과학이 인간 삶의 모습을 송두리째 바꿔놓은 이후로, 많은 철학자가 과학의 파괴적인 특성을 근심스럽게 바라보았던 것이다. 특히 엄청난 천재일 것이 틀림없는 막스 베버는, 뭐든지 새롭게 바꾸려는 과학의 본성에서 근대의 딜레마가 기인한다고 통찰했다.

과학은 본질적으로 혁신을 추구하기 때문에 낡은 것이 아름다울 틈을 주지 않는다. 낡은 것은 비합리적인 것, 비과학적인 것으로 교체의 대상이다. 베버에 따르면 근대 과학은 우리가 삶의 곳곳에 소중하게 박아 둔 가치들이나, 어떤 신비롭고 신성한 믿음 같은 것들을 빠른 속도로 산산이 부수어 결국에는 우리 삶에 어떤 가치도 남지 않은 허무한 결말을 남긴다. 과학 자신조차 늘 스스로를 새롭게 갈아치워야 하니, 그 '갈아치우기 무한 사슬' 속에 놓인 유한한 인간 존재는 허무해질 수 있는 탓이다.

학부 시절 내가 전공한 학과의 영문 명칭은 Political Science and Diplomacy였고(어머, 내가 저런 걸 배웠다니), 석사 때 과 이름은 Political Science, 박사 때는 그냥 Politics였다. 점점 줄어드는 내 과의 명칭은 베버의 고뇌를 닮았다. 팩트와 진리와 객관적 지식을 논하는 과학science과, 판단과 설득과 의견과 주관적 가치의 영역인 정치학politics이 과연 서로 조화롭게 어깨동무를 하고 과 이름political science으로 존재할 수 있는 것인가, 베버는 나의 앞날을 미리부터 그렇게 걱정해 주었던 것이다.

우리는 낡은 것도 아름다울 수 있음을 알고 있다. 하지만 과학의 속도감은 대체로 낡은 것이 숙성되어 아름다울 시간을 주지 않는다. 판단과 성찰을 할 시간을 충분히 주지 않고, 마치 술값 안 내려는 친구처럼 저만치 앞서 나가기 때문이다. 생화학과 교수이자 수많은 SF 소설을 쓴 인기 작가 아이작 아시모프는, 현재 인간 삶의 최대 비극은 우리 사회가 지혜를 모아서 쌓아 올리는 속도보다 과학이 지식을 긁어모으는 속도가 훨씬 빠른 점이라고 했다. ("The saddest aspect of life right now is that science gathers knowledge faster than society gathers wisdom.")

이게 다 과학자들이 일을 너무나 열심히 하시는 탓이다. 과학자들에게 5박 6일 제주도 숙박권과 항공권을 지급하라, 말하고 싶지만 사실 과학이 자본주의를 만나지 않았다면 이렇게 온 세상에 쓰레기가 넘쳐나고 사계절이 미쳐 날뛰진 않았을 것 같다. 유행 따라 반짝이는 네일을 한 과학의 손톱이 우리를 할퀼 수 있음을 알고는 있지만, 우리 눈에는 그 반짝이는 손톱이 너무 예쁘고 찬란한 것이다. 예쁘고 좋고 편리한 걸 어떡해. 이 글을 쓰는 나도 내 스마트폰을 뺏어가고 벽돌 같은 시티폰을 쥐여준다면 울어버릴 거다.

지혜와 정의의 속도

○

아시모프의 말대로, 정보와 기술은 사회가 지혜와 통찰을 쌓아 올리는 속도보다 늘 빠르게 내달린다. 바이러스가 돌기 시작하자, 우리는 다른 생각을 멈추고 나의 생존 기술과 마스크 정보에 예민하게 촉각을 세우기 시작했다. 생존과 안전을 위협하는 공포 앞에서는 모든 사상과 철학이 무기력해 보인다.

일단 내가 위험해질 수도 있으니, 남이 미워 보인다.

매독이라는 성병이 있다. 감염되어 생기는 피부 궤양이 매화꽃 같은 모양이라 매독이라는 이름이 붙기 전에, 사람들은 이 몹쓸 병의 책임을 다른 사람들에게 넘기고 싶어 했다. 그래서 사이가 좋지 않았던 나라들은 서로에게 똥을 던졌다. 이탈리아에서는 프랑스 병, 프랑스에서는 이탈리아 병, 그리스에서는 불가리아 병, 불가리아에서는 그리스 병. 네덜란드에서는 스페인 병, 러시아에서는 폴란드 병, 폴란드에서는 독일 병으로 불렀다. 병 이름으로 유럽 배낭여행 일정을 짤 기세다. 사랑이 넘치는 지구, 이 병은 페스트와는 다르게 조선에까지 흘러들었으니 조선에서는 이를 당창唐瘡이라는 이름의 중국 병으로 불렀고, 심지어 터키에서는 기독교 병이라고 불렀다고 한다. 이 글로벌한 똥 던지기 시합에서 돋보이는 존재감은 단연 프랑스다. 독일과 이탈리아, 그리고 영국, 무려 삼국에서 입을 모아 프랑스 병으로 불렀다니 여기저기에서 많이 밉보였나 보다.

예전엔 저 이야기가 그저 웃겼는데, 신종 코로나바이러스를 우한 폐렴이라고 부르겠다고 난리, 대구 신천지 사태로 부르겠다며 또 난리를 피우던 우리의 모습이 겹쳐 보여 이제는 어쩐지 씁쓸하다. 우한이나 대구 신천지가 책임이 없는 건 아니겠지만, 못된 병의 책임을 전적으로 다른 곳에 두고 손가락질하는 건 그리 효과적인 스트레스 해소법이 되지 못한다. 우리는 우한과 대구 쪽에 선을 그었지만, 외국에서는 그 선을 더 넓게 아시아 전체에 그어버리기 때문이다. 뉴욕의 지하철에서, 런던의 길거리에서, 이탈리아의 주점에서, 아시아계 사람들이 험한 일을 당했다. 선을 긋고 싶어 하는 사람에게는 대체로 나 아니면 남이다. 비난하는 마음, 혐오하는

221

마음은 이렇게 손쉽게 나에게 되돌아온다. 지혜의 속도가, 빠른 정보를 통해 확산되는 미움의 속도를 따라잡지 못하는 탓이다.

나부터 살아야겠다는 마음에 내가 먼저 마스크를 넉넉하게 쟁여두고 싶은 사람도, 돈을 벌겠다는 욕심에 시장에서 마스크로 장난을 치려는 사람도 있었을 것이다. 전염병 앞에서는 누구나 두렵고 무섭다. 나와 내 가족의 안위를 걱정하는 것은 이기적인 게 아니라 자연스러운 것이다. 하지만 우리가 개별 유리관 안에서 산소통을 메고 살지 않는 이상, 가장 취약한 사람에게 마스크가 가지 않으면 결국 내가 숨 쉬는 공기 안에 발 빠르기로 소문난 그놈의 바이러스가 들어오리라는 것 역시 자명한 일이다. 공포스러운 바이러스는 가장 약한 자부터 그 얼음 같은 손가락으로 어루만질 것임에 반해, 정의의 속도는 유달리 느리기로 유명하다. 빈부격차가 크고 사회보장이 잘 되지 않아 자가 격리를 하고 싶어도 당장 끼니 걱정에 밖으로 나올 수밖에 없는 사람들을 양산해 왔다면, 또 그들이 거짓을 두를 수밖에 없는 절박함을 만들어 이곳저곳을 혼란에 빠뜨리게 했다면, 이 역시 정의의 속도가 공포의 속도를 따라잡지 못한 탓이다.

생존과 안전을 위협하는 공포 앞에서는 모든 사상과 철학이 무기력해 보이지만, 나는 그렇기에 오히려 이런 상황에 철학이 더욱 힘을 가져야 한다고 믿는다. 불행 중 다행으로 지금 우리는 파급력은 크되 파괴력은 크지 않은 바이러스와 싸우고 있다. 이 사태가 빨리 극복되려면 공포와 미움의 속도보다 지혜와 정의의 속도를 높여야 하지 않을까.

공포의 긍정적인 힘

0

많은 철학자들에게 공포는 파괴적이고 야만적인 것이다. 공포란 인간 이성의 적일 뿐 아니라 자유의 적, 문명의 적이다. 공포 정치에 특히 반감이 컸던 몽테스키외나 디드로 같은 계몽주의 철학자들뿐 아니라 헤겔, 아렌트, 슈클라 같은 많은 철학자들이 공포에 관해서 비슷한 결의 견해를 공유했다. 하지만 놀랍게도, 정치철학을 들여다보면 쓰레기통에 갖다 버리고만 싶은 공포에도 순기능이 있다. 그중 이러한 상황에서 언급하고 싶은 것은 아리스토텔레스가 말하던 '공포의 도덕적 기능'과 버크와 토크빌이 말하던 '공포의 경외적 기능'(a.k.a. 귀싸대기 기능)이다.

먼저 아리스토텔레스에게 공포는, 놀랍게도 도덕과 매우 밀접한 개념이었다. 도덕의 절친이 공포라는 말이다. 계몽주의의 세례를 받은 우리 눈으로 보기에는 착한 우리 애가 친구를 잘못 사귄 게 아닌가 싶지만, 공포가 무조건 세상 몹쓸 것이 된 건 사실 꽤 최근의 일이다. 그리고 거기에 또 큰 역할을 한 것이 바로 버튼 하나로 대량 살상을 가능케 한 과학 기술이다.

아리스토텔레스는 공포를 우리와는 꽤 다른 관점에서 바라보았다. 그는 도덕적으로 성숙한 사람은 공포를 잘 컨트롤할 수 있으며, 공포에는 올바른 공포와 그렇지 않은 공포가 있다고 생각했다. 공포에 예쁜 놈과 미운 놈이 있다니 이게 무슨 호랑이 풀 뜯어먹는 소린가 싶겠지만, 아리스토텔레스는 둘을 구분한다. 예를 들어 자랑스러운 시민으로서 명예가 실추되는 것에 대한 공포심은 올바른 종류의 공포지만, 구두쇠가 내 재산을 잃을까 벌벌 떠는 두려움은 올바른 공포가 아니라는 것이다.

그렇다면 우리는 삶을 살면서 대체 무엇을 두려워함이 옳을까. 어떤 것이 올바른 공포일까. "인간은 정치적인 동물"이라는 아리스토텔레스 할아버지의 그 유명한 말씀에 힌트가 있다. 정치적 동물로서의 인간이 정치 공동체에서 상호작용과 공적 토론을 통해 '우리는 무엇을 두려워해야 하는지, 그래서 어떻게 좋은 삶을 살 수 있을지', 함께 빚어나가야 한다는 말이다. 아리스토텔레스의 공포는 결국 정의justice 개념과 밀접한 관계를 맺는다. 바이러스가 퍼지면서 경제 활동이 멈추자 임대료를 받지 않겠다는 고마운 선언들이 이어지는 모습에, 아리스토텔레스 할아버지는 아마 흐뭇해하실 것 같다.

버크와 토크빌은 각각 "숭고하게 승화되는 공포sublimed delightful horror", "값진 공포salutary fear"라는 표현으로 또 다른 의미에서 공포의 순기능을 이야기한다. 사람들에게 집단적으로 두려운 순간이

닥치면 이는 강한 충격이 되어 사람들을 깨우고, 생생히 살아 있게 한다는 것이다. 전류를 흘리듯이 강한 자극을 준다는 의미의 'galvanizing'이라는 단어를 한마디로 어떻게 번역하면 좋을지 알 수 없어서, '싸대기를 날리는'이라는 저렴한 표현을 수줍게 써 보았다. 온몸에 전류가 흐르는 것처럼 소름이 돋을 때, 우리는 세포 하나하나가 생생히 살아 예민하게 반응하는 경험을 한다. 코리 로빈이라는 정치학자는 9·11이라는 끔찍한 공포의 경험이 미국인들을 어떻게 집단적으로 강하게 깨어나게 했는지, 그러나 공포의 기능이 과연 그만한 대가가 있는 것인지를 질문하는 책을 쓴 적이 있다.

우리에게 온 이 전염병의 공포는 불행하게도 우리가 자초한 것이다. 새로운 전염병의 등장은 주로 인간이 생태계에 과도한 개입을 한 결과다. 한마디로 못 할 짓을 많이 한 결과다. 매일매일 숨 가쁘게 달려가던 우리는 달리기를 멈춘 채 집 안에 갇히게 되었다. 달려가느라 힘들어서 어디로 가는지도 잘 모르고 살았던 삶을 돌아보고 깨달을 수 있는, 불행하고도 소중한 기회다. 나는 이 공포가 부디 사람들을 생생하게 깨어나게 했으면 좋겠다. 뭐든지 한 번 망가져 봐야 소중함을 아는 인간들에게, 제대로 싸대기를 날려주었으면 하는 그런 마음이다.

마녀사냥에 열을 올리기보다는 지금 당장 가장 위험에 노출된 어려운 사람들부터 생각했으면 좋겠다. 웅크리고 앉아 이 광풍이 지나간 자리에 새로 불어올 '보복적 소비'를 예측하기보다는 그동안 우리의 소비 행태가 어떠했는지를 돌아보았으면 좋겠다. 상황이 진정되면 그동안의 소비 욕망이 일거에 터져 나오는 보복적 소비가 예상된다는 전망을 보았다. 침체한 경기가 살아나는 거야 기쁘고 행복한 일이지만, 나는 그 보복적 소비라는 말이 좀 불편하다. 사람들은 왜 부자 되라고 덕담을 하고, 공격적 마케팅을 하며, 보복적 소비를 예측하는 걸까. 사랑스러운 한 연예인이 귀엽게 "부자 되세요!"를 외치던 광고가 큰 호응을 얻던 무렵, 석사 시절 나의 지도교수님은 이런 자본주의적 욕망을 덕담처럼 퍼뜨리는 광고가 튀어나와 사람들에게 아무 위화감 없이 먹힌다는 사실에 큰 충격을 받으신 듯했다. 자본주의의 충실한 노예로, 전날 마신 술이 덜 깼던 당시의 나는 선생님 말씀이 이해는 가면서도 크게 공감이 되지는 않았다. 부자 되라는 게 어때서. 나도 되고 싶은데요.

그런데 세상의 깨달음이란 다 때가 있나 보다. 나이를 점차 먹어가니 선생님의 그 당황스러움이 마음 깊이 이해되기 시작했다. 우리 모두 불꽃처럼 타올라 겁나게 돈을 벌어 부자가 되자고 집단 최면을 걸지 말고, 세상에는 돈 말고도 중요한 게 많다고 얘기해야 하는 거였다. 보복적 소비를 예측하며 물량을 준비하자는 시장에게, 그동안 우리의 소비에 좀 과한 면이 있었으니 이 기회에 조금 불편하고 착한 소비를 넓혀가는 건 어떠냐고 얘기해야 하는 거였다. 인간은 영원히 더 나은 재화를 욕망한다던 홉스의 말처럼 한 번 에어컨의 시원함을 맛본 몸뚱이는 에어컨을 틀지 않고는 견디기 어려워졌지만, 이렇게 지구가 대차게 망가져 가고 있구나, 조금은 참아볼까 하는 마음을 실낱같이라도 가져봐야 하는 것이었다.

무엇이든 빠르게 배송해 준다는 앱들을 찬양하는 글로 소셜 미디어가 도배되기 시작한 시점이 있었는데, 그 트렌드도 나는 좀 불편했다. 그냥 잠깐 나가서 사 오면 되는데 저 포장재들을 다 어쩌려고. 물론 이 배송 시장이 일자리를 창출하는 효과도 있을 테고, 제품 퀄리티의 문제도 있을 거고, 포장재를 줄이기 위해 노력하는 기업들도 생겨났고, 무엇보다 배달 서비스가 절실히 필요한 경우도 있을 것이다. 육아로 24시간 집구석에 사지가 결박당한 애 엄마라든가, 거동이 불편하신 어르신들이라든가, 무거운 짐을 들기 힘드신 분들이라든가, 혹은 지금처럼 밖으로 나가기 힘든 상황들이라든가. 나 역시 택배 기사님이 격렬하게 반가운 그런 인간이다. 그런데 쉽게 사기 어려운 물건들을 배송시키는 게 아니라, 그냥 단지 편하다는 이유로 백 미터 이백 미터만 걸어가면 살 수 있는 똑같은 물건들을 포장 용기에 담아 집으로 배달시키는 건 아무래도 잘 이해가 가지 않았다.

"행복은 늘 단순한 데 있다. 가을날 창호지를 바르면서 아무 방해받지 않고 창에 오후에 햇살이 비쳐들 때 얼마나 아늑하고 좋은가. 이것이 행복의 조건이다. 그 행복의 조건을 도배사에게 맡겨 버리면 스스로 즐거움을 포기하는 것이다. 우리가 할 수 있는 일은 우리가 해야 한다."

– 법정 스님, 《살아 있는 것은 다 행복하라》 중에서

법정 스님의 글을 읽으며 "우리가 할 수 있는 일을 우리가 하는 행복"에 대해 생각해 본다. 조그만 아이의 손을 잡고 동네 슈퍼마켓에 가서 판매대의 봄꽃 향기를 맡아보는 일, 일부러 깃털이 붙은 달걀을 골라 담는 일, 계산을 하면서 아이에게 작은 사탕을 내미시는 주인아저씨께 감사의 인사를 건네는 일, 사탕을 손에 쥔 아이의 기쁨 가득한 눈을 보는 일. 배송 서비스에 맡겨 버리면 놓치는 행복이다. 장바구니를 메고 집을 나서야 얻을 수 있는 행복이다. 집 밖으로 나가기 귀찮아 편리함만 추구하다가 결국 우리 스스로 집에 갇혀있는 건 아닌지, 배송 서비스를 즐기다 결국 배송 서비스에만 의존하게 될 수밖에 없는 상황을 우리가 만들고 있는 건 아닌지, 나는 잘 모르겠다.

고맙고도 무서운 시간

◦

소비할 때 죄책감을 느낀다는 독일 사람들 틈에 살아서 그런가 싶기도 하지만, 죄책감까지는 아니더라도 내가 어떤 소비를 하고

있는지는 틈틈이 돌아봐야 한다고 본다. 미국에서 10년 살다 건너갔던 독일에서, 독일이 다르다고 느꼈던 가장 첫 순간은 공항 화장실 휴지가 거칠다는 점이었다. 그렇게 엉덩이로 처음 독일을 느낄 때는 그 의미가 좀 모호했는데, 그 의미가 명확해진 건 곧바로 들렀던 마트에서였다. 한국에서 미국으로 건너갔을 때 엄청난 컬처 쇼크가 있었으니 바로 소비자에게 미친 듯이 안겨 주는 비닐봉지였다. 정말 달걀 따로, 고기 따로, 채소 따로, 과자 따로, 각각 비닐봉지에 그것도 두 겹씩 담아주는 미국 슈퍼마켓에 크게 당황하지 않을 수 없었다. 반면에 독일은 대체로 소박하고, 장바구니가 없으면 장을 볼 수 없었다. 그리고 정말 열심히 환경을 생각하는 모습이 엿보였다. 물건들이 대체로 앙증맞게 소규모로 판매된다는 점도 달랐다. 싸게 많이 줄 테니 돈 쓰라고 권하는 묶음 상품이나, 1+1을 거의 찾아보기 어려웠다. '많이 사라 팍팍 써라'의 나라에서 갓 건너온 나에게 '너 그거 진짜 필요해?' 마트가 이렇게 묻는 듯한 느낌이었다. 달걀이 상온에 놓여 판매된다는 점도 신기했다. 동네 슈퍼에는 '내가 바로 노오오오른자다아아아아!' 하고 소리치는 듯 오렌지빛에 가깝게 샛노란 노른자가 든 달걀이 근처 농가에서 오는데, 그걸 필요한 만큼 골라 담아 사곤 한다. 사람들은 달걀판을 버리지 않고 장 볼 때 다시 들고 가서 새 달걀을 담아오거나, 다른 사람이 쓸 수 있도록 그 주변에 놓아두고 온다. 달걀은 더즌도 아니고 한 판도 아니고, 여섯 개 아니면 열 개가 기본이다. 좀 촌스러울 정도로 환경 문제에 열심인 독일 사람들, 적게 소비하고 부지런히 움직이는 이 사람들이 나는 고맙고 사랑스럽다.

우리가 모두 이어져 있다는 것은 재앙이자 축복이다.

집구석에서 내면으로 침잠할 시간, 고독과 성찰의 시간.

여유 없이 내달려 온 우리가 어느 방향으로 가고 있었는지 돌아볼 소중한 기회.

공포가 우리에게 주는 시간과 기회에 대해 차분히 생각하고 싶다. 아이들과 한 달 넘게 집구석에서 뒹굴려면 미쳐 돌아갈 것 같지만, 그동안 우리가 얼마나 미쳐 돌아갔는지 생각해 보아야겠다. 우리 아이들에게 어떤 세상을 물려주고 싶은지, 스스로 돌아보고 싶다.

그렇게 세상이 모든 것을 닫아건다는 소식을 접한 어젯밤. 작은아이가 작고 가벼운 손을 내 뺨에 얹고 잠이 들었다. 나는 내 팔을 두르면 쏙 들어오는 조그만 몸을 꼭 안고 잠을 청했다. 밖은 검지만 내 안에는 무지개가 떴고, 아무것도 보이지 않아도 이 세상은 충만했다. 밖에는 차디찬 바이러스가 입김을 호 불며 돌아다니고 있지만, 우리는 서로에게 위안을 주며 종이접기 하듯 꼼지락꼼지락 까만 밤을 함께 접었다.

아직 너를 꼭 안을 수 있는 이 시간. 고맙고도 무서운 시간이다.

좋은 질문들이, 반성적 사유가, 공존을 향한 철학이, 조용히 날개를 펴는 시간이 되었으면 좋겠다.

아이처럼
인생을 살 수 있다면

경이로운 세계,
철학자의 눈

: 니체는 왜 아이처럼 살라 하는가

큰아이가 밖에 나갔다 와서 양말을 벗어 (벗는 순간 모래가 은혜처럼 내렸다) 한참을 내려다보고 서 있다. 사촌 형아가 물려준 피카츄 양말이다. 나는 그 옆에서 '이 녀석 어서 양말을 예쁘게 뒤집어 빨래 통 안에 넣지 못할까'의 눈빛으로 레이저를 쏘며 서 있었다. 그런데 아이의 한마디에 내 불꽃 레이저가 푸슈슉 연기를 내며 사라졌다.

"엄마, 피카츄가 잉 울고 있어."

양말을 뒤집더니 "엄마, now he is so happy!" 하면서 방긋 웃는다.

아이들의 시선은 새롭고 신선하다. 나에게 양말 안쪽이란 '보이면 무조건 뒤집어야 하는 일감이며 때로는 분노를 유발하는 물건'인데, 아이의 눈에는 양말 안쪽에 새로운 얼굴이 보인다. 피카츄 무늬를 따라 양말 안쪽에 실밥이 뭉쳐 있는 모습이 피카츄가 잉 울고 있는 슬픈 얼굴로 보였던 것이다. 새로울 것 없는 일상에서 이런 작고 귀여운 깨달음을 만날 때마다, 굳어 있던 내 마음은 그 속에서 새싹이라도 트듯 말랑말랑 간지러워진다.

아이들은 친숙한 사물을 낯설게 보는 놀라운 눈을 가지고 있다. 아이들의 시선을 따라가다 보면 늘 거기 있던 물건이 새 물건처럼 느껴지고, 무생물들이 기지개를 켜고 살아 움직이기 시작한다. 이런 깨달음은 아이가 아주 어렸을 때부터, 내 일상의 곳곳에서 미처 생각지 못했던 순간에 하나씩 주어지곤 했다. 마치 아이를 키우느라 피곤할 텐데 수고했다며 갑자기 하나씩 둘씩 불쑥 내미는 선물처럼.

곳곳에서 펼쳐지는, 우리를 위한 은밀한 공연들

○

그 시작을 정확히 기억한다. 그러니까, 아이를 키우다 그렇게 일상 속에서 불쑥 받았던 첫 선물 말이다. 첫아이가 아직 걷지도 못하는, 쭉쭉 늘어나는 찹쌀떡 같은 때였다. 해가 넘어가기 시작한 오후, 아마 아기가 낮잠을 자고 일어났던 순간으로 기억된다. 아기 침대가 놓여 있던 방의 커다란 흰 벽에, 창문 밖에 서 있던 나무 그림자가 마치 한 폭의 수묵화처럼 펼쳐져 있었다. 때마침 바람이 살랑살랑 불어 검은 나무 그림자가 이리저리 느릿느릿 춤을 추는 모습이 보였다. 아이는 눈을 동그랗게 뜨고 이렇게 재미난 것은 처음 본다는 얼굴로 벽에 비친 그림자를 보며 한참을 놀았다. 반짝거리는 눈동자에는 경이감이 가득 담겨 있었다.

덕분에 나도 침실 벽에 펼쳐진 그 특별한 공연을 만끽했다. 내가 그 방에서 더 오래 지냈지만 그 방의 가장 멋진 순간은 아이가 먼저 발견해 알려준 것이다. 어른이 되어버린 내 눈을 사로잡는 것은 기껏해야 TV 화면이나 핸드폰 안의 동영상 정도였는데. 창틀의 네모난 그림자 안에 들어 있던 그 공연은 내가 봐도 정말 근사했다. 움직이지 않을 때는 마치 벽에 걸린 그림 같았다.

유아차를 태우고 밖에 나가면 아이는 눈 위에서 한들한들 움직이는 나뭇잎을 보느라 시간 가는 줄 모르곤 했다. 작은 눈엔 힘이 들어가고 입은 경이로움으로 살짝 벌어졌다. 나뭇잎이 바람에 흔들리는 게 그렇게 재밌나 싶어 나도 쳐다보면, 어, 정말 예쁘고 사랑스러웠다. 바람이 잦아들어도 나무는 가만히 있는 게 아니었다. 아주 천천히 날개를 움직이는 신비한 고생물처럼, 가지로 은근한 날갯짓을 하며 내 머리 위에서 조용하게 춤을 추었다. 일상의 진부함 속에서 굳어져 버린 내 눈은 세상 만물을 '늘 그냥 거기 있는 것,

내가 다 아는 것'으로 치부해 왔는데, 이 작은 아이를 통해 나는 세상을 바라보는 법을 다시 새롭게 배운다. 내 굳은 시선을 적셔주는 아이의 말랑말랑한 눈이 고맙다.

그 뒤로 나는 평소에 눈여겨보지 않던 것들을 보려고 노력하는데, 눈이 굳어서 쉽지 않지만 뭔가 발견하면 이게 은근히 재미나다. 이를테면 찻잔에서 펼쳐지는 세상에 단 하나뿐인, 나를 위한 공연을 음미하는 일.

나는 워낙에 차※를 좋아한다. 인간들이 잎을 말려 그걸 우려먹는다는 콘셉트 자체도 귀여운 것 같고, 차라는 단어를 떠올렸을 때 느끼는 평화와 온기도 좋다. 물은 인간인 이상 늘 마셔야 하는 것이고 커피나 술은 왠지 스트레스와 더 밀접한 것처럼 느껴지지만, 차는 아무리 바쁘고 머리가 어지러울 때 마시더라도 그 순간이 주는 고요와 평화가 있다. 차를 끓일 때 일상은 잠시 평화롭게 정지되고, 또 그렇게 준비한 차를 마시는 일은 작은 심호흡 같기도 하다. 호흡을 조심조심, 후— 불어 식혀서 호로록. 그렇게 꽤 오래 차를 좋아해 온 나였다.

나무 그림자의 공연을 본 지 얼마 안 된 어느 아침, 부드럽고 쌉싸름한 우전을 한 잔 우려내어 책상 앞에 앉았다. 차 위로 모락모락 피어오르는 수증기를 보고 있으려니 요거 참 신기하고 재미있다. 찻잔을 따라 둥글게 솟아올라 오르락내리락하면서 서로 만나 부드럽게 섞이더니 늘씬한 선을 그리면서 위로 가늘게 솟구쳐 오른다. 그 말없이 바쁜, 부드러운 소용돌이가 주는 즐거운 아름다움이 한동안 내 마음을 사로잡았다. 생각해 보니 내 앞에 펼쳐지는 이 작고 향기로운 소용돌이, 아마도 세상에 단 하나뿐일 이 작은 공연을 나는 한 번도 제대로 음미해 본 기억이 없다. 차를 좋아하고 즐겨 마셔왔지만 아이를 낳고 엄마가 되고 나서야 찻잔 안에 담긴 예쁜 우주의 한 귀퉁이를 보는 법을 깨달았다.

세상만사가 신나는 아이들, 신날 게 없는 어른들

○

첫째가 7개월 때, 아이는 거품기 하나를 가지고도 한참을 재미있게 놀았다. 동그랗게 겹쳐지는 거품기 살 사이사이에 조그만 손가락을 끼워 잡아도 보고, 동그란 손잡이를 입 안 가득 넣어 깨물어 보기도 하고, 거품기가 통통통 튕기면서 바닥에 데구루루 굴러가면 까르르 웃었다. 아기에게는 장난감과 일반 사물의 경계가 모호하다.

세상 만물이 다 흥미롭고 매혹적인 나이.

인생에서 얼마나 짧고도 찬란한 순간인지.

엄마인 나는 그 찬란함에 경탄할 생생한 기회를 특권처럼 부여

받지만, 정작 내가 잃어버린 찬란함에 마음이 슬퍼지기도 한다. 나는 왜 TV나 영화처럼 세상이 재미있다고 손가락으로 가리키는 것만 쳐다보며 재미를 구하고 있으며, 또 언제부터 그 재미를 위해 시간을 따로 내어야만 했을까. 부엌 바닥에 앉아 엄마가 갖고 놀라고 준 거품기로 한참을 재미있게 노는 아기를 바라보고 있자니, 이렇게 가난해져 버린 어른이 쓸데없는 권위로 저 찬란한 시간을 함부로 방해하지 말아야겠다는 생각에 마음이 살짝 조심스러워졌었다.

아이들은 세상 만물이 재밌고 궁금하다. 작은 사탕 껍질도 그냥 버리는 법 없이 쓰레기통 안을 호기심 넘치는 눈으로 들여다보고, 심지어 손을 넣어 안에 든 걸 꺼내보고 싶어 한다. 어른들에게 쓰레기통은 말 그대로 쓰레기가 든 통이다. 어른들은 절대 들여다 보려고도 안 하는 쓰레기통에도 아이들 눈에는 재밌는 이야깃거리가 가득한가 보다. 작은아이는 유치원 오가는 길에 놓인 쓰레기통 두 개를 그냥 지나치지 못하고 식사는 하셨는지, 오늘은 그 안에 뭘 드셨는지, 늘 안부를 전하고 싶어 한다.

유튜브에는 리액션 비디오들이 가득하다. 그중 내가 가장 좋아하는 리액션 장르는 단연 베이비 장르다. 비를 처음 맞아보는 아이, 바이올린 소리를 처음 듣는 아기, 맛있는 수프를 먹고 춤을 추는 아이 같은. 그런 비디오 클립을 보고 있으면 세상이 저렇게 신나고 경이로운 것이었던가 싶어 볼 때마다 마음이 보랏빛으로 뭉클해진다.

첫째가 6개월이 되어 고형식을 시작했을 때, 아이는 맛있는 것을 한 입 먹으면 박수를 치곤 했다. 우와 세상에는 이런 맛이 있구나, 하는 기쁨의 박수. 이제 제법 커서 그 순전한 기쁨의 박수는 들뜸이 다소 가라앉은 '엄지 척'으로 바뀌긴 했지만, 이제 둘로 늘어난 내 아이들은 숨 쉬는 게 뭐가 재밌다고, 심호흡만 가르쳐줘도 재밌다며 깔깔거린다.

기쁨도 슬픔도 온몸으로 표현하며 매 순간 치열하고 충만하게 살아가는 아이들.

환희에 차 소리 지르고, 엉엉 울고, 즐거우면 누구도 의식하지 않고 희한한 춤을 추고, 재미있거나 신나는 일이 있으면 방방 뛰며 세리머니를 하고. 그렇게 아이들은 온몸으로 삶의 찬가를 부르며 산다.

삶의 의미, 생生이라는 상태를 치열하게 고민했던 니체는 이런 아이들의 모습에서 영감을 얻는다. 그는 인간의 정신이 세 가지 변화의 단계를 거쳐야 한다고 했다. 낙타에서 사자로, 최종적으로 아이로.

우선은 자신의 것도 아닌 남의 짐을 고집스럽게 짊어지고서 땀을 뻘뻘 흘리며 힘들게 살아가는 낙타에서, 이 무거운 짐을 홀홀 내던지고 바람 같은 자유를 얻은 사자로 변해야 한다고 했다. 하지만 큰소리로 불호령을 내리며 온 세상을 향해 "No!"를 외치는 사자에서, 다시 만물을 유쾌하고 성스럽게 긍정하는 아이로 한 단계 더 변할 것을 요구한다. 즉 내던져 버리고 부정하는 사자에서 멈추는 것이 아니라, 내 노력이 부정되더라도 끊임없이 모래성을 쌓으며 즐거워하는 아이, 늘 긍정적으로 무언가를 창조하는 아이로 다시 바뀌어야 한다는 것이다.

> "아이는 순진무구함이며 망각이고, 새로운 출발, 놀이, 스스로 도는 수레바퀴, 최초의 움직임이며, 성스러운 긍정이 아니던가?"
>
> – 니체, 《차라투스트라는 이렇게 말했다》 중에서

아이들은 허물고 부수고 또다시 쌓는 행위를 무한히 반복하며 즐거워한다. 내가 블록으로 높이 쌓은 탑이 무너졌지만, 공든 탑이 무너졌다고 하루 종일 슬퍼하고 좌절하지 않는 게 아이들이다. 탑은 언제든 또다시 쌓으면 되니까. 즉, 아이들은 파괴의 자리에서 좌절을 느끼는 게 아니라 새로운 탑이 또 만들어질 수 있다는 가능성을 본다. 또 그 과정이 굉장히 재미있다는 것을 안다. 이번에는 다른 모양으로 탑을 쌓을 수도 있고, 친구들과 함께 쌓을 수도 있다. 삶은 우울하고 부정적인 것이 아니라 유쾌한 것, 긍정적인 것이다. 정말 훌륭한 녀석들이 아닐 수 없다.

비가 와서 생긴, 정말 손바닥만 한 웅덩이와 조약돌만 있으면 한참을 노는 게 아이들이다. 퐁당퐁당, 무한히 던지고 놀아도 마냥 재밌나 보다. 개구리가 살고 있는 웅덩이였으면 오늘이 바로 지구 심판의 날이다. 머리 위로 30분 내내 운석이 떨어졌을 테니까. 나는 그 옆에서 대체 언제 집에 가려나, 바람 빠진 복어의 얼굴을 하고 아이들을 바라보았다. 5분 정도는 나도 옆에서 신이 났는데, 10분이 넘어가자 도저히 견딜 수가 없었다.

집에서도 아이들은 물 한 바가지만 있어도 잘 논다. 마치 "물 한 바가지이이이이이!!! 이렇게 재미있는 게 나에게 주어졌어어어어!!!" 이런 느낌이다. 손수건을 넣었다 뺐다, 짰다가 다시 담갔다가 수십 번을 하는 게 대체 왜 그리 즐거운지 모르겠다. 어른들에게 갖고 놀라고 물 한 바가지를 줬다고 생각해 보자. 물바가지를 받아 든 상대의 눈빛을, 나는 보지 않고도 알 수 있을 것 같다. 그 물로 물벼락을 맞기 전에 재빨리 튀어야 할지도 모른다.

홉스는 인간은 죽을 때까지 더 나은 재화를 욕망한다고 했다. 우리는 대체로 더 강한 자극을 찾고 거기에 익숙해진다. 물보다 주스가, 주스보다 와인이 맛있고 귀한 재화라고 생각하는 어른들은 물을 신기해하지 않는다. 머릿속에서 이미 매겨둔 등급에 따르면 물은 그저 흔하고 별 볼 일 없는 재화이기 때문이다. 뭘 씻거나 마시거나, 그런 평범한 물질일 뿐이다. 반면에 어른들이 경탄해 마지 않는 귀한 와인은 아이들의 눈에는 그저 예쁜 유리병에 담긴, 좀 이상한 냄새가 나는 보랏빛 물일 뿐이다.

"만약 어른들에게 '창턱에는 제라늄 화분이 있고 지붕에는 비둘기가 있는 분홍빛의 벽돌집을 보았어요'라고 말하면 그들은 그 집이 어떤 집인지 상상하지 못한다. 그들에게는 '십만 프랑짜리 집을 보았어요'라고 말해야만 한다. 그러면 그들은 '아, 참 좋은 집이구나!' 하고 소리친다."

— 생텍쥐페리, 《어린 왕자》 중에서

어렸을 때 시시각각 변하는 구름 모양에 매료되어 한 시간을 누워 있던 꼬마였던 나는, 이제는 5분만 넘어가면 그 느릿느릿한 구름의 움직임이 마치 렉 걸린 컴퓨터 화면이라도 되는 양 지루해지는 어른이 되었다. 인생이 계속 그렇게 곧 시들시들해지는 것의 연속이라면, 우리 인생은 좀 가엾단 생각이 든다. 어른들의 삶에 이렇게 굳은살이 박여갈 무렵 짠 하고 등장하는 아이들은 이런 면에서 정말 놀라운 선물이다. 덕분에 나는 소소한 것을 다시 들여다보는 즐거움을 찾는다. 곳곳에 흩어져 있는 삶의 재미를 아이의 눈으로 발견하게 된다.

경이감, 어떻게 유지시켜 줄 것인가

○

그런데 이렇게 바람이 빠져버린 어른의 눈으로 어떻게 풍선처럼 부풀어 오르는 아이들 마음을 보아줄 수 있을까. 어떻게 아이들의 이 찬란한 경이감을 유지시켜 줄 수 있을까.

카트린 레퀴예의 《경이감을 느끼는 아이로 키우기》라는, 나 같았으면 오만함 때문에 읽지 않았을 책을 다행히도 나의 존경하는 후배 Y가 읽고서 책 안에서 보석같이 반짝이는 부분들을 나눠준 적이 있다. 왜 읽지 않았을 것 같냐고 묻는다면, 저 "~하는 아이로 키우기"라는 제목에서 나는 반사적으로 거리감을 두었을 것이기 때문이라고 답하겠다. 내 눈에는 아마도 영재로 키우기, 두뇌 개발법 같은 걸 소개하는 책으로 보였을 것이다.

레퀴예의 말에 따르면 과도하게 '구조화되어 있는 활동structured activity'을 하거나, 학습과 훈련을 발명이나 발견보다 중요하게 여기면 아이들은 지루해지거나 불안해진다. 부득부득 뭔가 배울 것을 기대하지 말고, 장난감의 용도를 정하지 말고, 그냥 놀 수 있도록 시간과 공간을 충분히 주라는 것이다. 구조화된 활동이라는 것은 보통 어른의 주도하에 이뤄지고 아이들에게는 선택지가 주어지지 않는 활동, 이를테면 시키는 대로 해서 결과물을 내야 하는 피아노 레슨 같은 것을 말한다. 그렇다고 이런 구조화된 활동이 모두 나쁘다는 것은 아니다. 구조화된 활동과 그렇지 않은 활동, 양쪽 모두 아이들의 성장에는 중요하다.

내가 관련 리서치를 할 일이 있어 읽었던 글 중에 이와 관련된 놀이 실험들이 제법 많았다. 예를 들어, 두 학교를 상상해 보자. A 학교는 스포츠 시설과 놀이 시설이 잘 갖추어져 있고, B 학교는 새로 지어져 아직 시설이 완비되지 않았다. 그렇다면 A 학교 아이들이 학교의 놀이 시설을 이용해 평소대로 논 경우와 B 학교의 아이들에게 재활용품을 장난감으로 준 경우, 어떤 쪽의 신체 활동량과 놀이 만족도가 더 높을까?

관찰 결과는 후자 쪽이었다. 즉 종이 상자, 줄, 폐타이어, 양동이, 포대자루, 짚단 꾸러미같이 따로 용도가 정해지지 않은 재활용품을 무질서하게 늘어놓은 공간에서 아이들은 더욱 다양하게 움직이고 스스로 놀이를 만들면서 행복하고 즐겁게 논다고 한다. 아이들의 신체 활동량을 증진할 방법을 고민한다면, 학교 체육 시간보다 아이들이 이렇게 자유로운 선택을 하면서 제약 없이 노는 시간이 두 배가량 더 효과적이라는 논문도 있었다.

특히 아이들이 종이 상자를 갖고 노는 모습이 묘사된 부분은 사랑스럽다. 보자마자 신나게 상자를 발로 차고 깔아뭉개서 망가뜨린 다음 그 잔해로 날개를 만들어 비행기나 새가 되기도 하고, 상자 안에 낙엽을 모으기도 하고, 작은 상자를 공처럼 차며 놀기도 하고, 모자나 옷처럼 쓰거나 입기도 하고, 입구를 펼쳐 그 안에 들어가 김밥처럼 굴러다니더라는 부분. 상자만 보면 고양이처럼 좋아하는 우리 아이들의 모습이 겹쳐 보였다. 한번은 큰아이 생일에 장난감이 배달되었는데 작은아이가 "내 건?" 하자 남편이 택배 상자를 주었던 적이 있다. (아니 이 양반이….) 근데 작은아이는 몹시 기뻐하며 상자를 소중히 안고 뛰어다녔더랬다. 와, 아빠가 나에게 상자를 줬어! 준 사람이 미안해질 정도의 그 환희와 역동성이란. 그런데 그렇게 기뻐하고 있는 아이를 보니 그 모습이 참 예쁘고 부러웠다. 너는 그런 걸로도 참 행복하구나. 우리 집에서 네가 제일 부자구나.

다시 카트린 레퀴예에게로 돌아가 그녀의 말을 들어보자.

"아이들은 작고 우리보다 땅에 가까이 있기 때문에, 작은 것들을 더 잘 이해하고 즐기며 주목하는지도 모른다. 그래서 우리가 서두르며 자세히 들여다보지 않고, 그렇게 지나쳐서 자주 잃어버리는 아름다움을 발견하는 것이 아이들에겐 쉬운 건지도 모르겠다. 확대경으로 눈송이를 본 사람은 알겠지만, 자연에서 근사하고 멋진 것들은 아주 작다."

"경이감을 죽이는 가장 직접적이고 효과적인 방법은 아이에게 무언가를 갖고 싶어 할 기회를 주지 않은 채 원하는 즉시 다 주는 것이다. (…) 임신과 나비, 우정, 사랑 등 모든 소중한 것에는 일정한 시간이 필요하다. 그런 것들을 기다리고 원하며 노력해서 알려고 할 때 우리는 그 대상

을 더 즐길 수 있게 된다. 그리고 그 존재 앞에서 경이감을 느끼게 된다.'

임신과 나비, 우정, 사랑 등 모든 소중한 것에는 일정한 시간이 필요하다니, 이렇게 멋진 문장들을 나의 굳어버린 오만함 때문에 놓칠 뻔했다. 죽어버린 나의 경이감도 되살릴 것 같은 문장들을.

왜비우스의 띠

。

경이감에 찰떡처럼 따라붙는 것이 있으니, 바로 질문이다.

대학원 세미나 첫 시간에 '철학이란 무엇인가'라는 질문에 내가 얻었던 답은 '질문'이었다. 질문에 얻었던 답이 질문이라니 이 무슨 깻잎으로 깻잎 싸 먹는 소리란 말인가. 그게 아니라 철학은 곧 질문이라는 말이다. 좋은 철학자는 정답을 찾는 사람들이 아니라 좋은 질문을 던지는 사람들이다. 그런 면에서 아이들은 모두 철학자다. 아이들은 끊임없이 '왜?'를 외친다. 세상에 대해 알고 싶은 것이 너무나 많다.

엄마, 아빠를 당황시키는 '무한 루프 왜?'의 시기가 도래하면 내가 세상에 대해 알고 있는 것들이 생각보다 많지 않음에, 그리고 안다고 생각했던 것들이 실은 모래성처럼 부실했음에 어른들은 당황하게 된다. 세상에 대해 다 안다고 생각했던 나의 오만함에 해맑게 뒷방망이를 날리는 아이들의 질문. 우리 집에는 너 자신을 알라며 기저귀를 찬 채 끊임없이 질문을 퍼붓는 소크라테스가 둘이나 있었다. 그 천진한 왜비우스의 띠에 갇힌 어른들은 위엄을 잃지 않는 얼굴로 내적 비명을 지르게 된다.

왜 달님이 나를 쫓아오는 것처럼 보였더라. 그게 무슨 거리와 각도의 문제였는데… 하지만 지식과 관련된 문제들은 나름의 해결책이 있으니, 과학적 지식이 부족할 땐 문학적 상상력에 기대면 된다. 어차피 이 나이에는 설명해 줘도 이해가 어렵다는 변명을 버무려, 같이 동심의 세계로 퐁당 빠지면 되는 것이다. "어, 달님이 우리 지음이랑 놀고 싶어서 집에도 안 가고 계속 졸졸 따라오나 봐."

정작 문제는 다음과 같은 질문이다.

"아빠, 저 아저씨는 추운데 왜 길에서 코 자?"

"엄마, 죽는다는 게 뭐야?"

나름의 답을 알고 있다고 생각하는 문제에 대해서도 내 생각이 과연 옳은 것인지 다시 한번 찬찬히 생각하게 된다. 이렇게 말해도 될까. 이제 막 세상에 도착해서 기대감과 신비와 사랑으로 가득 차 있는 저 작은 존재들을 실망시키고 싶지 않기 때문이다.

따라서 반짝이는 눈을 가진 작은 아이를 키우는 어른들은, 세상의 모든 부조리하고 민감한 부분에 대해 소처럼 우물우물 되새김질을 시작한다. 그래서 이 시기는 어른에게도 축복이다. 세상을 다시 돌아보고, 내가 몰랐던 부분을 알아가고, 내 의견을 다시 다

듣는다. 내 시선이 달라지고, 굳었던 뇌가 비를 맞은 듯 촉촉이 적셔지고, 내 가치관이 해묵은 먼지를 툭툭 떨고 새롭게 정돈된다.

윌리엄 워즈워스의 시에 나오듯, '어린이는 어른의 아버지The Child is the father of the Man'다.

마음껏 질문하고, 마음껏 소리치고 춤추는 아이들.

오늘이 너무 재미있고 좋아서 잠들기 싫은 아이들.

그들로부터 나는 많이 배운다.

삶의 궁금한 조각조각뿐 아니라 삶을 사는 자세까지.

얼굴을 바꾸는 앱, 엄마와 아기의 변증법

o

친구가 메신저로 사진 하나를 보내주었다. 한창 유행하던, 얼굴을 바꾸는 페이스 스왑 앱Face Swap App을 이용한 사진이었다. 친구가 아기를 안고 있는데 둘의 얼굴이 바뀌어 있었다. 닮은 얼굴의 그 부조화스러운 조합에 웃음이 터져 나오지 않을 수 없었다. 친구와 한참 깔깔 웃으며 이야기를 나눴지만, 사실 나는 그 조합을 보고 많은 생각을 했다. 아이가 어른처럼 우리에게 깨달음을 주는 그런 순간들과, 아이를 키우면서 아이가 되어보는 엄마들. 엄마와 아이가 함께 크는 그런 변증법을 이 앱은 웃음소리를 배경으로 유쾌하게 보여주고 있는 건 아닐까.

르네 마그리트, <기하학적 영혼
The Spirit of Geometry, 1937>

이런 앱이 출시되기 약 80년 전에 르네 마그리트는 이런 그림을 그렸다.

봉긋한 검은 소매가 달린 옷을 입고 곱슬머리가 단정하고 고운 느낌을 주는 엄마와, 작은 천 하나만 걸친 채 머리도 아직 나지 않은 포동포동한 아기. 그 둘의 얼굴이 바뀌어 있다. 생각이 여러 갈래로 뻗어가는 그림이다.

먼저 이렇게 해석해 볼 수 있겠다. 미성숙한, 아이 같은 어른이 아이를 낳아 엄마가 되었다면? 그런 어른 밑에서 아이들은 보통 일찍 철이 들어 애어른이 되곤 한다. 그런 안타까운 그림으로 읽히기도 한다. 엄마를 마주 보는 게 아니라 초점을 잃은 듯 왠지 공허해 보이는 아기의 눈동자에서 그런 슬픔이 느껴져, 이 그림을 보고 직관적으로 가장 처음 든 생각이었다.

다음으로는 인간이 나이 들어감에 따라 겪게 되는 단계들, 즉 탄생과 성장과 소멸의 변주라는 해석이 가능하다. 우리 나이쯤 되면 '아빠 뒷모습이 저렇게 왜소했나, 엄마가 이제 내 보살핌을 받지 않으면 안 되는구나', 한 번씩 아픈 마음으로 깨닫게 된다. 아이 앞에서 점점 나이 들어 왜소해지는 엄마와, 엄마의 품에서 어른으로 자라나는 아이. 이 그림은 시간이 어김없이 만들고야 마는 그런 쓸쓸한 인생 여정으로 보이기도 한다. 머리가 바뀐 탓에 아빠처럼 보이는 아이의 모습과 딸처럼 안긴 엄마가 그런 생각을 더욱 부추긴다. 아들이라면 껌뻑 죽는 어머님들이 많았던 우리나라에서, 나이가 드실수록 아들의 든든한 어깨에 기대고 싶어 하는 우리 어머님들 모습이 겹쳐 보이기 때문인지도 모르겠다. 한 지인은 "나는 나 하나를 돌보게 되면 그게 어른인 줄 알았다. 아니었다. 내가 돌봐야 하는 사람들을 돌볼 수 있을 때, 그때 진짜 어른이 되는 것이었다"라는 말로, 나를 낳고 길러 세상에 내보낸 어머니가 이제는 나의 돌봄을 필요로 하는 상황을 표현한 적이 있다. 그 단단하고 아름다운 문장을 볼 때도 내 머릿속엔 이 그림이 떠올랐다.

하지만 내가 가장 좋아하는 해석으로 이 그림을 보고 싶다. 아이가 어른처럼 깨달음을 주는 그런 순간들과, 아이를 키우면서 천진하게 아이가 되어보는 엄마들. 굳은 시선을 깨주고 새로운 것을 가르쳐주는 아이들과, 아이 손을 꼭 잡고 동심의 세계로 돌아가는 어른들. 함께 서로를 품에 보듬으며 입장을 바꾸고 시선을 교환하며 크는 우리들. 그림 속 둘의 얼굴이 좀 더 유쾌하고 다정하게 보였다면 좋았겠지만 말이다.

내 아이들은 신발을 좋아한다.

하루에도 몇 번씩 하릴없이 신발을 신는다. 아직 말을 잘 못 할 때, 내 첫아이는 때때로 자기 신발을 신고, 엄마 신발을 문 앞에 가지런히 놓아두고 엄마를 쳐다보곤 했다. 어찌나 귀엽던지! 지금도 아이들은 엄마가 지하실에 빨래를 걸으러 가는 그 짧은 순간도 놓치지 않고 이 세상 가장 급한 얼굴로 신발을 꿰어 신고 쫓아온다. 지하실 가는데 대체 왜 장화를 신어야 하는지 모르겠지만, 다양한 종류의 신발 모두를 아낌없이 사랑하는 듯하다.

신발. 엄청나게 신나는 바깥세상으로 나를 데려다주는 물건.

젊은 시절 그렇게 집 밖으로 뛰쳐나갔던 나는 이제 나는 집순이로 삼단 변신을 마친 상태라 집이 제일 편하고 이불 밖 세상은 대체로 귀찮다. 하지만 좀 귀찮더라도 신발을 신고서 아이들을 따라 나가면, 나는 분명히 뭔가를 가슴에 담고 새로운 것을 배워 온다. 뜻하지 않은 모험을 해야 할 수도 있기 때문에 아이들과 함께 나갈 때는 편안한 신발을 신어야 한다. 그렇게 나도 신발을 신고 나가면, 꼭 새로운 세상을 만난다. 동네에 새로 이사 온 아이와 인사를 나누게 되고, 그네를 타면서 마음속 어지러움을 떨어내는 법을 배우고, 늦가을에는 세상에 작은 음표들이 돌아다닌다는 사실을 알게 되며(꼭 음표처럼 생긴 단풍 씨앗이 날아다닌다는 사실을 아이들 덕분에 알게 되었다), 가끔 피가 나고 다치긴 해도 세상에는 역시 즐거운 일이 많다는 사실을 새삼 느끼게 된다.

아이들, 내 귀엽고 고마운 선생님.

새 신을 신고, 뛰어보자 팔짝
머리가 하늘까지 닿겠네.

오늘도 함께 부지런히 크자꾸나.

나는 철학하는 엄마입니다

초판 1쇄 발행 2020년 7월 10일
초판 3쇄 발행 2022년 7월 28일

지은이 이진민
펴낸이 권미경
편집 박주연
마케팅 심지훈, 강소연, 김철
디자인 어나더페이퍼
펴낸곳 ㈜웨일북
출판등록 2015년 10월 12일 제2015-000316호
주소 서울시 서초구 강남대로95길 9-10, 웨일빌딩 201호
전화 02-322-7187 **팩스** 02-337-8187
메일 sea@whalebook.co.kr **페이스북** facebook.com/whalebooks

소중한 원고를 보내주세요.
좋은 저자에게서 좋은 책이 나온다는 믿음으로, 항상 진심을 다해 구하겠습니다.